HAZOP 培训系列教材

危险与可操作性分析(HAZOP)基础及应用

中国化学品安全协会　组织编写
吴重光　主编

中国石化出版社

内 容 提 要

本书全面地介绍了 HAZOP 方法的起源、发展、特点和实施 HAZOP 分析的方法要点、基本步骤；分别介绍了在工程设计、生产运行、间歇过程、操作规程、电子电气系统、应急计划中应用 HAZOP 分析的特点和方法要点；还介绍了与 HAZOP 分析有关的风险矩阵等相关知识。另外，还特别介绍了 HAZOP 方法与企业安全生产以及过程安全管理的关系；与其他危险分析方法的关系；介绍了 HAZOP 分析的成功因素以及 HAZOP 方法的局限性和应用进展。这些内容会给读者一个更宽阔的视野，以便于理解开展 HAZOP 分析的必要性以及如何正确地领导、组织企业开展 HAZOP 分析工作。

本书是 HAZOP 培训系列教材中的普及性教材，可作为针对政府安全监管人员、企业领导等非专业从事安全评价工作人员的 HAZOP 培训教材，也可以作为高等院校化学工程、安全工程等专业的选修课教材。

图书在版编目(CIP)数据

危险与可操作性分析(HAZOP)基础及应用 / 中国化学品安全协会组织编写．—北京：中国石化出版社，2012．8(2025．3 重印)
HAZOP 培训系列教材 / 吴重光主编
ISBN 978-7-5114-1674-2

Ⅰ．①危… Ⅱ．①中… Ⅲ．①石油化工-化工设备-风险分析-技术培训-教材 Ⅳ．①TE96

中国版本图书馆 CIP 数据核字(2012)第 183005 号

中国石化出版社出版发行
地址：北京市东城区安定门外大街 58 号
邮编：100011　电话：(010)57512500
读者服务部电话：(010)57512575
http://www.sinopec-press.com
E-mail：press@sinopec.com
北京科信印刷有限公司印刷
全国各地新华书店经销
*
787 毫米×1092 毫米 16 开本 10.25 印张 239 千字
2012 年 8 月第 1 版　2025 年 3 月第 7 次印刷
定价：35.00 元

《HAZOP 培训系列教材》编审委员会

《HAZOP培训系列教材》编写工作组

组　　长： 韦国海

副 组 长： 吴重光

成　　员： 赵劲松　栗镇宇　鲁　毅　孙成龙　万古军
张广文　黄玖来　宋贤生　刘　伟　裴辉斌

责任编辑： 许　倩

序

石油和化学工业是我国国民经济重要的能源产业、基础原材料产业和支柱产业。石油化工生产过程大多数具有高温高压、易燃易爆、有毒有害、连续作业、过程复杂等特点，安全风险大，是国家安全生产监督管理的重点领域之一。党中央、国务院高度重视危险化学品安全生产工作，采取了一系列重大举措，全面实施安全发展战略，不断加强和改进危险化学品安全生产工作，实现了全国危险化学品安全生产形势持续稳定好转的态势。但是，危险化学品领域安全生产风险高，安全责任重大，安全生产工作任重道远。我们要坚持用科学发展、安全发展的理念统领安全生产工作，积极实施科技兴安战略，学习借鉴国外经验，进一步提升安全生产管理水平。

保障工艺过程安全是包括石油化工行业在内的流程工业所特有的、重要的安全生产管理任务。欧美国家在长期的工业发展进程中，从许多惨痛的事故教训中认识到过程安全的重要性，并催生了一系列有关过程安全管理的法律法规和工艺过程危险分析方法和技术。如：危险与可操作性分析(HAZOP)、保护层分析(LOPA)、故障假设分析(What-if)、故障假设/安全检查表分析(What-if/Checklist)、故障模式与影响分析(FMEA)等。在众多的危险分析方法中，HAZOP方法以其科学性、系统性和全面性特点在全世界得到广泛的认可与应用，历经半个世纪长盛不衰，成为石油化工行业和各种高危领域事故预防的有效手段和重要工具。

国家安全生产监督管理总局高度重视HAZOP的推广应用。近几年来，国家安全生产监督管理总局监管三司和中国化学品安全协会在宣传、推广HAZOP技术方面做了不少工作，HAZOP方法已受到我国石油和化工企业的广泛关注，应用HAZOP方法的热潮正在悄然兴起。

为了进一步宣传普及HAZOP知识，促进HAZOP方法推广应用工作所急需的人才培养，满足HAZOP方法在我国大范围普及应用的迫切需求，在国家安全生产监督管理总局监管三司的指导下，中国化学品安全协会组织国内HAZOP专家学者编写了首套适合我国国情的《HAZOP培训系列教材》。

《危险与可操作性分析(HAZOP)基础及应用》和《危险与可操作性分析(HAZOP)应用指南》两本培训教材汇集了多年来国内外开展HAZOP分析的大量工程知识和实践经验，以及近年来HAZOP方法的改进、补充和发展，全面介绍了HAZOP的概念、方法要点、详细的应用案例以及具有重要参考意义的数据列表和资料，很有启发、借鉴和参考价值，也非常实用。

这两本书的作者和主审都是近几年在国内石化行业从事过程安全管理和HAZOP分析方面的专家，主持和参加过多个HAZOP分析项目，是国内应用HAZOP方法的先行者，积累了丰富的理论和实践经验。

我向大家推荐这两本书。希望石油化工和危险化学品领域的企业及设计、研究、咨询等单位、机构的领导和有关技术人员从中学到有用的知识和方法，得到有益的启示，共同促进HAZOP等过程安全管理技术在我国的普及应用，进一步提升我国石油化工企业安全管理水平、技术水平和防范事故能力。

孙华山

二〇一二年八月

前　言

HAZOP 是英文 Hazard and Operability Analysis 或 Hazard and Operability Studies的缩略语，中文翻译为：危险与可操作性分析。它是对工艺过程进行危险（害）分析的一种有效方法。

HAZOP 方法诞生于 20 世纪 60 年代，该方法在全世界显现出“一经问世，广泛认可”的态势。应用 HAZOP 完成的安全评价项目已经不计其数！在互联网上只要点击“HAZOP”五个字母，映入眼帘的相关信息超过百万个！近年来 HAZOP 方法的应用进一步扩展到核电、航空航天、军事设施、软件和网络等领域。我国重大化工、石油化工、炼油项目，特别是国际合作项目无一例外都进行 HAZOP 分析。与其他安全评价方法比较，HAZOP 方法有三个突出特点：

特点之一是，发挥集体智慧；

特点之二是，采用引导词激发创新思维；

特点之三是，系统化与结构化的分析方法。

HAZOP 分析的三大特点带来了该方法的独特优势和广泛的适用性。HAZOP 分析采用了基于偏离的双向定性因果推理方法。反向推理，找到潜在危险的原因；正向推理，查出危险可能导致的不利后果，进而分析已有安全措施的作用；必要时提出补充安全措施的建议。最终将装置的风险降低到要求的界限以下。运用 HAZOP 分析，还能找出影响产品产量和质量的原因。

HAZOP 方法可以适用于过程工业的连续系统和间歇系统；可以适用于系统生命周期的设计阶段、生产运行阶段直至报废阶段。在工程设计阶段实施 HAZOP 分析是提高装置本质安全度的有效措施；在生产运行阶段实施 HAZOP 分析可以有效排查事故隐患，防患于未然。

此外，HAZOP 方法还适用于核电、机械、软件和电子信息等对安全性和可靠性要求很高的系统。

国家安全生产监督管理总局高度重视学习、借鉴国际上先进的安全生产管理理念、方法和技术，早在2007年就开始宣传、倡导和推动HAZOP方法在我国的推广应用。2011年11月，由国家安全生产监督管理总局监管三司和中国化学品安全协会联合举办的"化工行业危险与可操作性分析(HAZOP)技术推广交流研讨会"上，国家安全生产监督管理总局副局长孙华山在讲话中明确指出：要积极推广危险与可操作性分析等过程安全管理先进技术，积极开展HAZOP应用人才的本土化培养，支持HAZOP计算机辅助软件研究和开发，逐步深化HAZOP等过程安全管理技术在我国的推广应用。

目前，HAZOP方法已经受到我国石油和化工企业的广泛关注，应用HAZOP方法的热潮悄然兴起。但是，HAZOP方法在我国的应用还处在起步阶段。国内化工企业的领导和各级政府的安全监管人员，很多还不很了解这种方法。国内的HAZOP应用人才极其缺乏，即便是大型中央企业也很少拥有自己成熟的HAZOP团队；而国际上，石化行业的大型跨国公司都有自己专业化的HAZOP团队。目前，国内一些有资质的安全评价、咨询机构也只有少数能够组织HAZOP培训或执行HAZOP分析，而且水平参差不齐。

为了更加广泛、深入地宣传普及HAZOP方法基本知识，促进HAZOP方法推广应用工作所急需的人才培养，满足HAZOP方法在我国大范围推广应用时对理论、技术、规范、资料的迫切需求，促进HAZOP方法在我国普及应用的健康发展，今年初，中国化学品安全协会决定，在全国组织一部分HAZOP专家学者集体编写一部规范的、权威的、适合我国国情的HAZOP培训教材。这项工作计划得到了国家安全生产监督管理总局领导和监管三司的充分肯定和积极支持，同时也得到了许多中央企业和专家学者的积极支持。成立了由国家安全生产监督管理总局孙华山副局长任组长，中国工程院院士、清华大学陈丙珍教授等任副组长的"《HAZOP培训系列教材》编审委员会"。组建了由国内一批专家学者参加的"《HAZOP培训系列教材》编写工作组"。历经六个多月的不懈努力，完成了编写工作。

组织编写的《HAZOP培训系列教材》共有两本书，一本是普及性读物：《危险与可操作性分析(HAZOP)基础及应用》；另一本是专业性读物：《危险与可操作性分析(HAZOP)应用指南》。

本书即《危险与可操作性分析(HAZOP)基础及应用》，是一本主要面向企业领导和政府安全监管人员以及其他非专业从事安全评价人员的普及性读物。

本书是专业读物的简写本。它保留了专业读物的主要知识点和知识结构，但在内容深度上做了简化调整，缩减了篇幅。这样既保证了培训教材知识的完整性和系统性，又适应了非专业人员的阅读需要。

本书还针对主要读者对象是企业领导和政府安全监管人员的特点，增加了新的内容。本书从管理工作的需要出发，在介绍HAZOP方法基本知识及其应用的同时，突出介绍了HAZOP方法的起源、发展和特点；HAZOP方法与企业安全生产以及过程安全管理的关系；与其他危险分析方法的关系；分别介绍了在工程设计、生产运行、间歇过程、操作规程、电子电气系统、应急计划中应用HAZOP分析的特点和方法要点，以及HAZOP分析的成功因素；介绍了HAZOP方法的局限性和应用进展，这些内容会给读者一个更宽阔的视野，以便正确地把握HAZOP分析与企业安全生产管理各要素之间的关系，正确地领导、组织企业开展HAZOP分析工作。

本书由吴重光、赵劲松、粟镇宇、鲁毅、张广文合作，是在专业读物《危险与可操作性分析(HAZOP)应用指南》的基础上进行改写编撰而成。本书由吴重光教授主编，陈丙珍院士对全书进行了审定。

韦国海副理事长代表中国化学品安全协会对编书工作进行了策划、组织和协调，并承担了部分文字修改工作。

国家安全生产监督管理总局领导和监管三司对编书工作给予了大力支持与指导。孙华山副局长题写了序。监管三司王浩水司长、孙广宇副司长多次参加本书编写工作会议，给予指导；监管三司的其他有关同志从多方面给予了支持。

本书编写过程中，还得到了国家安全生产监督管理总局化学品登记中心、中国石油天然气集团公司、中国石油化工集团公司、中国海洋石油总公司、中国化工集团公司、福建联合石油化工有限公司等单位和《HAZOP培训系列教材》编审委员会中的其他领导和专家给予的多方面支持。

在此，谨向在编书过程中做出贡献的各单位和各方面人士表示衷心感谢！

由于编书时间仓促，错误和不当之处在所难免，欢迎批评指正。欢迎登录中国化学品安全协会网站 www. chemicalsafety. org. cn 向我们反馈意见。

中国化学品安全协会
二〇一二年八月

目　录

专用名词术语

本书涉及的专用名词术语及中英文对照如下。当名词术语有多种常用中文翻译时，在括号中列出。

中文	英文及缩略语
危险与可操作性研究	Hazard and Operability Studies（HAZOP）
危险与可操作性分析	Hazard and Operability Analysis（HAZOP）
基于剧情的危险评估	scenario based hazard evaluation
危险(危害)	hazard
风险	risk
事故剧情(序列、情景、场景、预案)	incident scenario
危险剧情(序列、情景、场景)	hazard scenario
故障假设法	What-if
检查表法	Checklist
故障模式与影响分析	Failure Mode and Effects Analysis（FMEA）
故障树分析	Fault Tree Analysis（FTA）
事件树分析	Event Tree Analysis（ETA）
后果分析	Consequence Analysis（CA）
保护层分析	Layer of Protection Analysis（LOPA）
领结图分析	Bow-Tie Analysis（BTA）
过程(工艺)安全	Process Safety
过程(工艺)安全管理	Process Safety Management（PSM）
工艺(过程)危险分析	Process Hazard Analysis（PHA）
工艺(过程)危险分析复审	Process Hazard Analysis Revalidation
工艺(过程)危险审查	Process Hazard Review（PHR）
过程(工艺)安全信息	Process Safety Information（PSI）
要素	element
参数	parameter
节点	nodes
偏离(偏差)	deviation
设计意图	design intention
可操作性	operability
引导词	guidewords
原因	cause

续表

中文	英文及缩略语
后果	consequence
影响(作用)	impact
初始事件	Initiating Event (IE)
初始原因	Initiating Cause (IC)
中间事件	intermediate event
关键事件	Pivotal Events(PE)
失事(点)	loss event
现有安全措施	safeguards
建议措施	recommendation
行动	action
HAZOP 分析团队	HAZOP team
头脑风暴	brain storming
偏离到偏离	Deviation By Deviation (DBD)
原因到原因	Cause By Cause (CBC)
作业安全	work safety
作业安全分析	Job Safety Analysis (JSA)
管道仪表流程图	Piping and Instrumentation Diagram (P&ID)
变更管理	Management of Change (MOC)
投产前安全审查	Pre-Startup Safety Review (PSSR)
操作规程(程序)	operating procedures
机械完整性	Mechanical Integrity (MI)
机械完整性程序	Mechanical Integrity Procedures (MIP)
动火作业许可证	hot work permit
着火源	ignition source
应急计划与应急反应	emergency planning and response
事故调查	incident investigation
商业机密	trade secrets
符合性审核	compliance audits
员工参与	employee participation
后果严重程度	Severity (S)
可能性	Likelihood (L)
风险等级	Risk Rank (RR)
风险矩阵	risk matrix

续表

中文	英文及缩略语
合理可行的降低风险原则	As Low As Reasonably Practicable (ALARP)
定量风险分析	Quantitative Risk Analysis (QRA)
定性分析	qualitative analysis
安全仪表系统	Safety Instrumented System(SIS)
安全完整性等级	Safety Integrity Level (SIL)
设施布置检查表	facilities siting checklist
人为因素检查表	human factors checklist
本质安全检查表	inherent safety checklist
安全证明文件	safety case
减缓性保护措施	mitigative safeguard
限制和控制措施	contain and control
第一级限制系统	primary containment system
容物损失(失去抑制)	loss of containment
基本过程控制系统	Basic Process Control System (BPCS)
化学物质和物理因素阈限值	threshold limit values for chemical substances and physical agents
通用失效频率	generic failure frequency
设备总体失效概率	overall equipment failure frequency
指令失效概率	probability of failure on demand
风险评估数据目录	risk assessment data directory
工艺设备可靠性数据指南	guidelines for process equipment reliability data
基于风险的检测技术	risk based inspection technology
物理效应计算方法	methods for the calculation of physical effects
应急响应规划指南	emergency response planning guidelines
基础工程设计	basic design; basic engineering
详细工程设计	detailed engineering
主危险分析	Major Hazard Analysis(MHA)
间歇流程	batch process
批记录	batch processing record
触发原因	triggering cause
根原因	root cause
根原因分析	Root Cause Analysis (RCA)
起作用的原因	contributing cause
使能原因	enabling cause

续表

中文	英文及缩略语
条件(条件原因)	conditions
线性事件链	linear event chain
事件序列图	Event Sequence Diagrams(ESD)
原因与影响图	Cause-and-Effect Diagram(CED)
事故及成因图	Events and Causal Factors Charting(E&CFC)
相互关系图	Interrelationship Diagram(ID)
* 疏漏(步骤跳越)	OMIT
* 不正确(步骤执行错误)	INCORRECT
* 缺失	MISSING
* 无(否或跳越步骤)	NO、NOT 或 SKIP
* 部分	PART OF
* 执行超限(超量、超时)或过快	MORE 或 MORE OF
* 执行不达限(量、时间)或太慢	LESS 或 LESS OF
* 伴随(事件)	AS WELL AS 或 MORE THAN
* 执行过早或规程打乱	REVERSE 或 OUT OF SEQUENCE
* 替换(做错了事)	OTHER THAN
美国职业安全健康管理局	U. S. Occupational Safety & Health Administration (OSHA)
美国职业安全健康研究院	National Institute for Occupational Safety and Health
美国工业卫生协会	American Industrial Hygiene Association
美国石油学会	American Petroleum Institute
美国化学工程师学会	American Institute of Chemical Engineer (AIChE)
化工工艺安全中心	Center for Chemical Process Safety (CCPS)(AIChE/CCPS)
美国化学学会	American Chemistry Council (ACC)
国际石油和天然气生产商联合会	International Association of Oil & Gas Producers

注：带 * 的是针对操作规程的 HAZOP 分析引导词。

第1章　引　　言

要点导读

"危险与可操作性分析"简称 HAZOP 分析。HAZOP 是英文 Hazard and Operability Studies 的缩写。它是一种被工业界广泛采用的工艺危险分析方法，是企业排查事故隐患，预防重大事故，实现安全生产的重要手段之一。

1.1　企业安全生产与 HAZOP 分析

1.1.1　事故发生原因的多样性和普遍性

危险事故可能是由单一原因或多个原因所致。原因又有多种类型。图 1.1 是安全分析中一种常用的图形化方法，称为原因与影响图。图中表达了工艺过程常见的 8 种类型的事故原因，即设计错误、设备/材料问题、人员失误、管理不当、控制不当、训练不足、规程问题和外部原因。图中每一类原因又包括了多种更加具体的原因。这些原因都导致了"影响"的发生，也就是导致了各种潜在危险事故的发生。

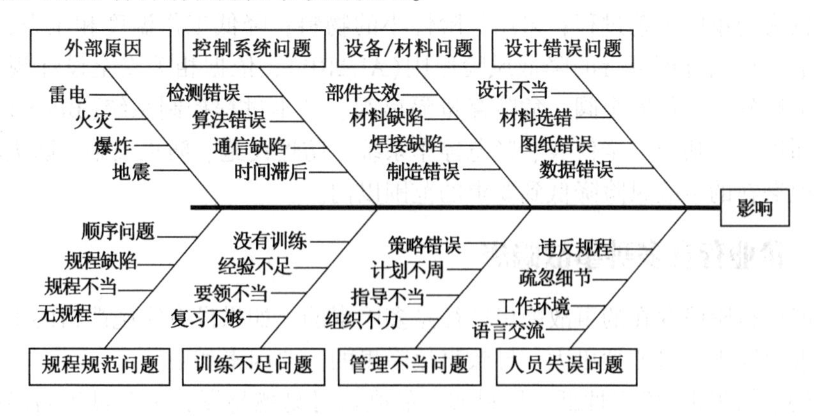

图 1.1　原因与影响图

以上 8 种常见事故原因类型是通过大量事故调查后总结的。经验表明，引发危险事故的原因不但具有多样性，而且普遍存在于所有生产设备以及相关的生产活动之中。因此发生危险事故的可能性无处不在，无时不有。

1.1.2 传统安全设计技术存在缺陷

化学工业以往大量的灾难性事故证明，传统工程设计中的安全设计存在缺陷。设计的缺陷可能给生产装置埋下重大隐患，主要原因如下：

(1) 现代化装置的日益复杂化和高度一体化，使得生产规模日益扩大，危险化学品的存量增加，出现事故的风险因此增加。设计人员对如此大型和复杂的系统还缺乏事故防范经验、对事故可能导致的重大后果及影响可能缺乏预测和评估、事故预防措施尚未经历过实际考验和验证。自动控制技术广泛应用于工艺装置，其水平的提高既带来了效益，也给设计提出了需要考虑控制系统的可靠性、软件和电子系统的潜在风险等新课题。因此安全设计技术(包括安全设计规范)有待提高，安全设计需要通过系统的方法加以完善。

(2) 传统设计方法容易产生设计缺陷和遗漏。主要问题是：在全部设计过程中没有考虑本质安全设计；早期的设计安全规范缺乏或不完善；使用单纯依靠经验的检查表方法审查设计的安全性，难于全面深入地识别潜在危险。另外，常常由于设计进度紧迫、时间短、任务重、人员不足等因素导致安全设计被省略，或者错过了提出安全措施的最佳时机。

(3) 设计团队会把注意力集中在单个设备的安全上，对工艺系统如何作为一个整体发挥其功能，往往缺乏系统化与结构化的分析，导致设计的安全措施功能不足，在生产运行阶段不能有效发挥作用，甚至成为发生事故的隐患。

(4) 设计人员的知识和经验有限。不可能要求所有设计人员都有丰富的安全知识和设计经验，通晓各种安全措施的原理、设计和应用要领。如果没有严格的有效的安全设计审查方法与手段，安全设计缺陷则不可避免。

一个设计上不安全的工厂无法仅靠安全措施、安全仪表系统(SIS)、紧急停车系统(ESD)或操作规程来矫正或减缓潜在的事故危险。设计任何一个工厂的主要目标，是尽可能达到本质安全的工厂，以便减少对保护系统的依赖。在工程设计阶段，就应当积极地考虑采用安全的和较为简单的工艺过程；采用危险性小的物料；降低工作温度和压力；减少存量。在此基础之上，根据合理可行的降低风险原则(ALARP)，依据相关安全设计规范，考虑设置有效的安全措施。例如安全阀、危险存量隔离阀、基本过程控制系统(BPCS)、报警、联锁、毒物泄漏检测、功能安全仪表、紧急停车系统、防爆设施、防火设施、防火堤等。在工程设计上就把潜在的事故风险降低到要求的范围以内。

1.1.3 企业存在多种事故隐患

企业生产运行阶段存在的事故隐患往往是多因素的。如果没有实施严格的工艺过程安全管理，存在事故隐患的可能性更大。导致事故隐患的主要因素如下：

(1)工艺路线的固有安全性低。原料或产品剧毒且易燃易爆；工艺过程高温高压；设备耐压级别低；设备材料防腐性能差等。这种情况与当初设计和建设的指导思想有关。这是危险隐患居首的一类装置，因为此类缺陷无法靠常用的安全措施补救。

(2) 装置运行历史长久，经历过多次技术改造。例如：生产规模多次扩展；工艺条件反复改变，管路和设备改变；原料路线改变等。对于这些改变，没有实施规范的变更管理，导致对潜在的事故隐患心中无数，因而无法做到防范在先。

(3) 企业采取的安全措施不够，没有对预测到的潜在的重要危险尽可能施加防护。甚至大部分的潜在危险没有任何防护措施。或者，即使设置了安全措施，如果安全措施的防护效果不足，在使用中检验、维护和更新不足，也不能保证将风险控制在要求的范围以内。

(4) 自动控制水平较低。危险工况的识别、报警和紧急状态的处理等全部由人工来完成。而操作人员的技术水平和经验又不足。

(5) 操作规程和维修规程不完善，甚至没有，特别是没有应急操作规程。国外调查表明，50%~90%的事故发生在开停车、故障处理、非正常工况、采样、更换催化剂、不正确的维修等过程之中。这种情况在中小化工企业中比较普遍。

(6) 操作人员水平低下，培训不够，考核不够，针对性的指导不够。企业缺乏对人为因素导致事故的认识和有效措施。中小化工企业可能存在的此类问题更多。

(7) 从未进行过系统的、全面的安全评价，不清楚生产运行装置到底存在什么危险、隐患。

(8) 执行安全标准与规范不落实，或没有执行新的安全标准和规范。

(9) 不了解安全技术的发展，缺乏应用先进安全技术的理念。

除了以上 9 种导致危险事故隐患的因素，企业过程安全管理松懈，缺乏系统、全面的安全管理；没有建立企业安全文化，企业管理人员和员工的安全意识淡漠等也是导致危险事故隐患的重要因素。

1.1.4 重大工艺过程事故教训

化工、石油化工、石油及天然气工业是危险性极高的行业，一旦发生火灾、爆炸、毒气泄漏等重大事故，其损失将极为惨重。几十年来，在全世界范围由于多种事故原因和隐患导致了不少灾难性事故，造成了严重的人员伤亡、财产损失和环境污染。

例如，1974 年，英国的弗里克斯堡(Flixborough)一套环己烷氧化反应装置发生泄漏，物料形成的蒸气云爆炸，导致 28 人死亡，108 人受伤，经济损失约 1 亿英镑。这起事故是由于工艺过程不适当的变更所引发。

1984 年，印度的博帕尔联合碳化物公司所属印度合资公司发生剧毒的异氰酸甲酯泄漏事故。据报道当地有 20 万人暴露于剧毒气体中，事故发生后两天内有 5000 人死亡，最终死亡人数可能达到 2 万人，6 万人需要接受长期治疗。事故起因于维修人员不正确的维修作业。事故引发后，冷冻系统、洗涤器和火炬系统等关键安全设施都不能正常运行。最终导致灾难性的，全世界迄今为止最严重的人员伤害事故。

1989 年，美国的休斯敦化工区大量易燃易爆物料泄漏，发生了一系列爆炸，导致 23 人死亡，130 多人受伤。占地面积 $65000m^2$ 的两套聚乙烯装置彻底破坏。经济损失约 15 亿美元。事故原因是维修人员清除堵塞在下料管中的聚乙烯颗粒时，下料管根部截止阀没有关闭，而是处于开启状态，导致高压易燃易爆的反应物料泄漏。

2010 年，发生在美国墨西哥湾的海上钻井平台原油泄漏事故，导致 11 人死亡，墨西哥湾严重污染。

1.1.5 实施 HAZOP 分析的必要性

由于引发危险事故的原因具有多样性，而且发生危险事故的可能性无处不在，无时不有；传统安全设计技术存在缺陷；因此，处于生产运行阶段的企业存在多种事故隐患。以上提到的危险因素导致了重大事故时有发生。历史教训使人们深刻地认识到：必须在事故发生之前识别出潜在危险！如果能够预先识别出问题所在，就能防止事故的发生！

这种危险分析方法是存在的，HAZOP 分析方法就是得到全世界认可的、有效的危险分析方法之一。

HAZOP 分析可以帮助企业准确地识别潜在的事故原因；帮助设计人员找到设计方案中的缺陷，并且提出安全措施建议，从设计方案上降低工艺系统的风险。

HAZOP 分析可以帮助生产运行的企业系统全面地查找潜在事故隐患，识别现有安全措施是否足够，提出建议措施预防潜在事故；此外还能帮助修正操作规程中的缺陷；是企业排查事故隐患，预防重大事故的一种重要方法。

在世界范围内，HAZOP 分析已经被化工和工程建设公司视为确保设计和运行完整性的标准设计惯例。很多国家要求将 HAZOP 分析(也包括多种工艺危险分析方法)作为预防重大事故计划的一个重要部分。

1.2 什么是 HAZOP 分析方法

1.2.1 HAZOP 分析方法的由来和特点

HAZOP 分析方法于 20 世纪 60 年代出现在化工行业。当时英国帝国化学工业集团(ICI)的工程师们采用识别工艺偏离的方式，进行化工工艺系统的可操作性分析。HAZOP 分析较正式应用于安全分析是在 20 世纪 70 年代，1974 年发生在英国弗里克斯堡的爆炸事故推动了这种方法的应用。此后，炼油行业紧随化工行业，较早地应用了这种方法。到了 20 世纪 80 年代，在英国它还成为了化学工程学位的必修课程。

近 50 年来，HAZOP 分析方法在全世界显现出“一经问世，广泛认可”的态势。应用 HAZOP 分析方法完成的安全评价项目已经不计其数。在互联网上只要点击“HAZOP”五个字母，映入眼帘的相关信息超过百万个！近年来 HAZOP 分析方法的应用进一步扩展到核电、航空航天、军事设施、软件和网络等领域。我国重大化工、石油化工、炼油、天然气和制药等项目，特别是国际合作项目无一例外地都进行 HAZOP 分析。HAZOP 分析方法之所以应用如此广泛，并且历经半个世纪长盛不衰，充分说明了 HAZOP 分析方法在实际应用中的特殊效能。

概括地说，HAZOP 分析方法有三个突出特点：

特点之一是“集体智慧”。应用 HAZOP 分析方法开展工艺危险分析时，相关的多种专业，具有不同知识背景的人员所组成的团队一起工作，比他们独自工作更具有创造性与系统性，能识别更多的问题。具体方法是：在 HAZOP 分析团队主席的引导下通过专业化的会议讨论方式进行，以便充分发挥集体智慧。这一特点被誉为 HAZOP 分析专有的“头脑风暴”方法。

特点之二是“引导词激发创新思维”。这是一种有效的分析思维方式，即通过人为“制造偏离”来识别事故。HAZOP 分析使用精练的引导词，例如增加、减少、无、反向、先、后等，联合工艺参数，例如压力、流量或温度等。可以组合出偏离，例如：压力高。从偏离点沿工艺过程中的危险传播路径，正向识别不利后果，反向识别原因。

特点之三是“系统化与结构化审查”。HAZOP分析通过“用尽”可行的引导词，“遍历”工艺过程每一个细节，深入揭示和审查系统中潜在的危险事件序列和可操作性问题。危险事件序列又称为“事故剧情”，也就是事故的演变规律，或者称为危险的来龙去脉。识别危险剧情有助于全面细致地了解事故机理，有助于确定危险的预防和减缓措施。图1.2说明了HAZOP系统性和完备性识别危险的思路。即通过一种双重循环的识别方法，实现“用尽”可行的引导词，“遍历”工艺过程每一个细节。

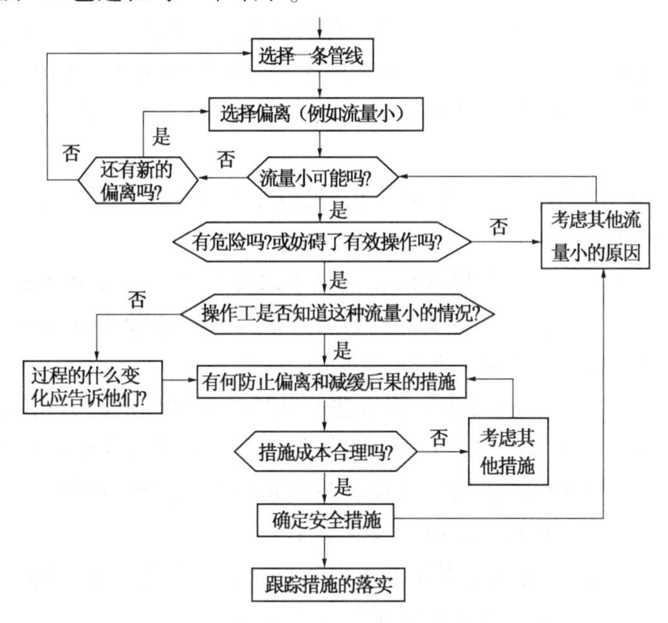

图1.2 HAZOP“系统化与结构化”分析框图

HAZOP在分析推理机制上采用了归纳法和演绎法的联合，称为“溯因法”，是一种高完备性的双向推理方法，并且要求在多种假定结论中选择最可信的结果。双向推理在上述双重循环的每一个步骤中实施，目的是识别由每一个偏离所能揭示的原因-后果对偶所构成的潜在事故序列(又称为事故剧情)。在这个过程中同时分析已有的，针对当前事故剧情的安全措施的有效性，如果措施不足，提出新的建议措施。因为识别和分析是沿着潜在事故剧情的事件链结构进行的，因此是一种结构化的分析。双向推理的分析原理可用图1.3简化表达。

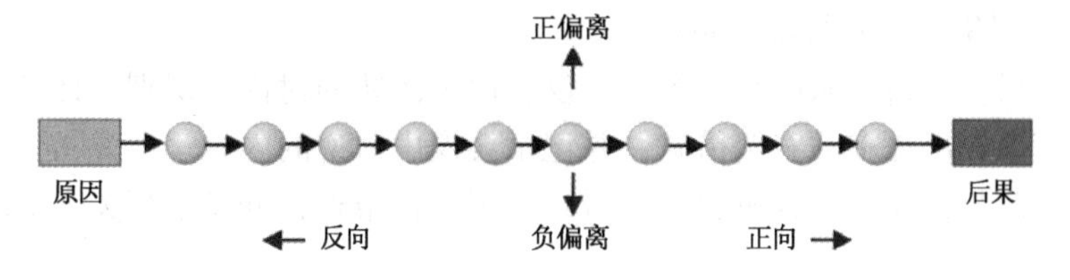

图1.3 HAZOP分析双向推理简图

图中是HAZOP分析所要识别的某一个从原因到后果的潜在事故序列构成的事件链。推理的起始点是该事件链中间部位的某一个事件的“偏离”，例如反应器压力超高。沿事件链反向识别出原因，例如反应器压力超高是由于冷却水泵故障使得放热反应失去冷却。从偏离处沿事件链正向识别出不利后果，例如由于冷却水始终无法提供，最终反应失控爆炸。记录下双向推理的全部识别结果，即“由于反应器冷却水泵故障，放热反应失去冷却，导致反应速率急速上升，反应压力超高(偏离点)，最终使得反应失控反应器爆炸”。接着，检查现有安全措施，反应器设有安全阀，但是安全阀口径过小，在反应失控状态不足以减低反应压力。于是，建议安装双安全阀。

总结 HAZOP 分析系统化和结构化的特点，可以看出，其关键是依靠“双重循环”和“双向推理”两个核心方法来实现的。考察同样具有结构化特点的其他安全评价方法，例如故障模式与影响分析(FMEA)、事件树分析(ETA)、故障树分析(FTA)、故障假设分析(What-if)等，它们采用的都是单向推理的方法，唯独 HAZOP 分析方法采用了双向推理。由此可见 HAZOP 分析方法的特点。

HAZOP 分析系统化和结构化审查的特点，可以用本方法的创始人之一，T·克莱兹教授的一段话来精辟地概括(1999)：

“HAZOP 是一种技术，它给人们以机会，使他们的想象力能自由地发挥，以便考虑所有的危险或可操作性问题。由于已经通过系统化的方法对每一条管线以及每一个危险源都依次考虑过了，从而减少了某事物出错的机会。”

HAZOP 分析方法的三大特点带来了该方法的独特优势和广泛的适用性。

使用 HAZOP 分析方法可以：找到产生危险的原因；找到危险导致的不利后果；揭示安全措施的作用；找到事故变化和传播的路径；找到妨碍有效操作的原因；找到妨碍有效操作的后果；找到影响产品产量和质量的原因及其后果等。

HAZOP 分析方法具有广泛的适用性，可以适应于：连续过程；间歇过程；工程设计阶段；生产运行阶段；机械系统；软件和电子信息系统等。

因此，HAZOP 分析方法在全世界得到了广泛应用，特别是受到企业主管和安全专家的重视。

1.2.2 HAZOP 分析的基本步骤

采用 HAZOP 分析方法开展工艺危险分析时，通常包括以下主要步骤：

(1) 发起阶段：明确工作范围、报告的编制要求及各参与方的职责，并组建分析团队。

(2) 准备阶段：开展分析工作所需时间估计及工作日程安排、准备必要的过程安全信息(图纸文件等)、召集会议及行政准备(会议室等)。

(3) 会议阶段：分析团队组织一系列会议，通过团队的讨论，识别、评估工艺系统存在的危险，根据需要提出更多的安全措施，并记录会议中讨论的内容。

(4) 报告编制与分发：在分析会议之后，编制工作报告，分发给相关方征求意见，并定稿形成正式报告。

(5) 建议项跟踪与完成：编制行动计划，跟踪落实 HAZOP 分析提出的建议措施(这是一个很重要的环节，但严格意义上讲，它不属于工艺危险分析本身的工作范畴，应属于后续工作，由项目团队或工厂管理层负责，不是工艺危险分析团队的职责)。

HAZOP 分析各个阶段的主要任务如图 1.4 所示。

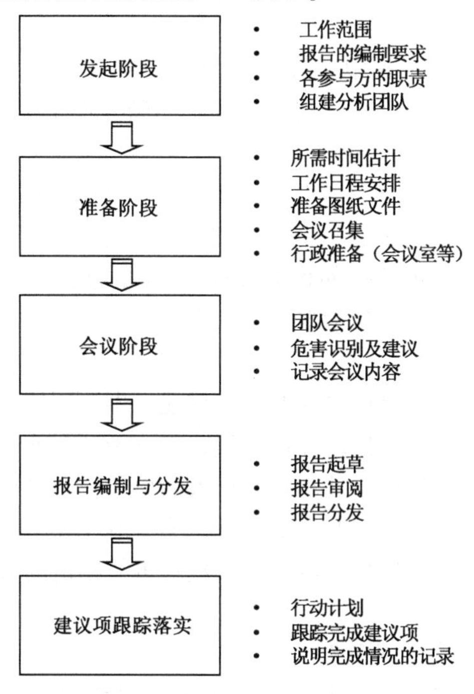

图 1.4 HAZOP 分析各个阶段的主要任务

1.2.3 HAZOP 分析相关的术语

在开始了解 HAZOP 分析方法之前，让我们先熟悉一些相关的术语。

（1）节点

在开展 HAZOP 分析时，通常将复杂的工艺系统分解成若干“子系统”，每个子系统称作一个“节点”。这样做可以将复杂的系统简化，也有助于分析团队集中精力参与讨论。

（2）偏离

此处的“偏离”指偏离所期望的设计意图。

例如储罐在常温常压下储存 300t 的某物料，其设计意图是在上述工艺条件下，确保该物料处于所希望的储存状态，如果发生了泄漏，或者温度降低到低于常温的某个温度值，就偏离了原本的意图。在 HAZOP 分析时，将这种情形称为“偏离”。

通常，各种工艺参数都有各自安全许可的操作范围，如果超出该范围，无论超出的程度如何，都视为“偏离设计意图”。

（3）可操作性

HAZOP 分析的可操作性通常是指工艺系统是否能够实现正常操作、是否便于开展维护或维修，甚至是否会导致产品质量问题或影响收率。

HAZOP 分析包括两个方面：一是危险分析，二是可操作性分析。前者是为了安全的目的。在 HAZOP 分析时，是否要在分析的工作范围中包括对生产问题的分析，不同公司的要求各异。有许多公司把重点放在安全相关的危险分析上，不考虑操作性的问题；有些公司会关注较重大的操作性问题，很少有公司在 HAZOP 分析过程中考虑质量和收率的问题。

(4) 引导词

是一个简单的词或词组，用来限定或量化意图，并且联合参数以便得到偏离，如“没有”、“较多”、“较少”等等。分析团队借助引导词与特定“参数”的相互搭配，来识别异常的工况，即所谓“偏离”的情形。

例如，“没有”是其中一个引导词，“流量”是一种参数，两者搭配形成一种异常的工况偏离：“没有流量”。当分析的对象是一条管道时，据此引导词，就可以得出该管道的一种异常偏离“没有流量”。引导词的应用使得 HAZOP 分析的过程更具结构性和系统性。

关于引导词的相关内容，详细参考本书第 2 章。

(5) 事故剧情

是一个可能的事故所包含的事件序列的完整描述。事故剧情从一个或多个初始原因事件开始，经历一个或多个中间关键事件的传播过程，终止于一个或多个事故后果事件。

事故剧情至少应包括某个初始事件和由此导致的后果；有时初始事件本身并不会马上导致后果，还需要具备一定的条件，需要考虑时间因素。在 HAZOP 分析时，通过对偏离、导致偏离的原因、现有安全措施及后果等讨论，形成对事故剧情的完整描述。

(6) 原因

是指导致偏离(影响)的事件或条件。

HAZOP 分析不是对事故进行根原因分析，在分析过程中，一般不深究根原因。较常见的做法是找出导致工艺系统出现偏离的初始原因，诸如设备或管道的机械故障、仪表故障、人员操作失误、极端的环境条件、外力影响等等。

(7) 后果

HAZOP 分析中所谓的“后果”，是偏离所导致的结果，即某个事故剧情对应的不利后果。

就某个事故剧情而言，后果是指偏离发生后，在现有安全措施都失效的情况下，可能持续发展形成的最坏的结果，诸如化学品泄漏、火灾、爆炸、人员伤害、环境损害和生产中断等。

(8) 现有安全措施

是指当前设计已经考虑到的安全措施(新建项目 HAZOP 分析时)，或运行工厂中已经安装的设施，或管理实践中已经存在的安全措施。

它是防止事故发生或减缓事故后果的工程措施或行政措施。如关键参数的控制或联锁、安全泄压装置、具体的操作要求或预防性维修等。

在新建项目的 HAZOP 分析中，现有安全措施是指已经表达在图纸或文件中的设计要求或操作要求，它们并没有物理性地存在于现场，因此有待工艺系统投产前进一步确认。

对于生产运行的工艺系统，现有安全措施应该是已经安装在现场的设备、仪表和自控等硬件设施，或者体现在文件中的生产操作要求(如操作规程的相关规定)。

(9) 建议措施

是指所提议的消除或控制危险的措施。

在 HAZOP 分析过程中，如果现有安全措施不足以将事故剧情的风险降低到可以接受的水平，HAZOP分析团队应提出必要的建议降低风险，例如增加一些安全措施或改变现有设计。建议中还包括尚需解决的事宜。

(10) HAZOP分析团队

HAZOP分析不是一个人的工作，需要由一个包含HAZOP分析主席、记录员和各相关专业的成员所组成的团队通过会议方式集体完成，称为“分析团队”。

1.3　HAZOP分析与企业效益

大量的工业应用实践表明，实施HAZOP分析为企业带来了多重效益。

1.3.1　系统提升企业生产的安全性

执行HAZOP分析是企业实现“生产安全，预防为主”理念的有效措施。企业实施HAZOP分析能够预防重大事故，显著降低企业事故风险。在设计阶段实施HAZOP分析，可以为企业建造一个本质上更安全的装置系统。在生产运行阶段实施HAZOP分析，可以减小操作失误或由于操作失误而导致的损失；可以全面识别和分析工厂潜在的事故；完善针对潜在重大事故的预防性安全措施，相当于把安全防线提前。安全防线提前往往可以起到“四两拨千斤”的效果，比事故已经发生所付出的代价要小得多。为了验证HAZOP分析对预防重大事故的效果，英国帝国化学工业集团(ICI)对其下属公司1960~1980年20年间所发生的重大事故进行了调查统计，如图1.5所示。统计数字表明，在ICI实施例行HAZOP分析的10多年间，重大事故的确出现了大幅度下降。因此决定继续实施并且扩大HAZOP分析的应用。

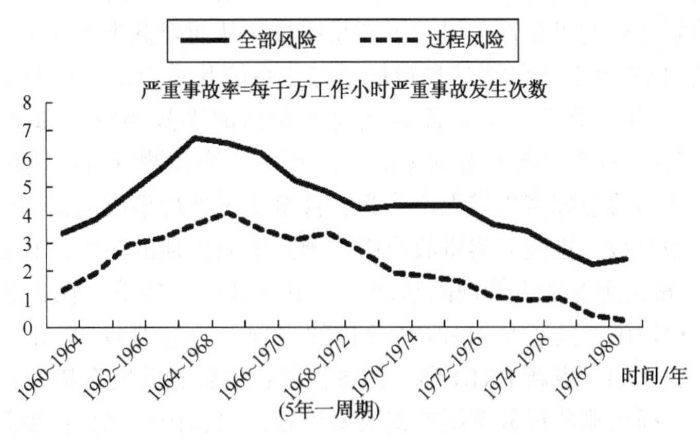

图1.5　英国ICI实施例行HAZOP分析后的效果调查数据曲线

1.3.2　设计阶段实施HAZOP分析的效益

对新建装置在设计阶段实施HAZOP分析，可以为企业带来如下效益：

(1) HAZOP分析是识别危险并将预防措施结合到设计中去的极好工具，设计阶段也是开展HAZOP分析的最佳时机。

（2）设计阶段实施 HAZOP 分析，可以优化设计，提高了工艺装置的本质安全性，最大程度地符合设计意图的要求。

（3）HAZOP 分析不但考虑安全，也涉及可操作性问题，因此设计阶段实施 HAZOP 分析有助于新建装置顺利开车，缩短达到设计产能的时间。

（4）在设计阶段实施 HAZOP 分析，发现任何问题都可以在图纸上进行修改，从而避免或减少安装和开车后费用高昂的设计修改，可以显著节约资金。

（5）在设计阶段实施 HAZOP 分析可以为编写高质量的操作规程提供完整可靠的信息。此外 HAZOP 分析还有助于识别操作规程本身的缺陷，以及执行操作规程中的危险隐患。

（6）HAZOP 分析报告包含了工艺系统可能出现的各种事故剧情，以及相关的工艺系统危害及其控制方法。如果将 HAZOP 分析的结果在企业公开，并且作为安全培训内容，可以使所有员工对工艺过程做到更高水平的了解。工厂也可以据此编制面向操作人员的安全培训材料。

1.3.3 生产运行阶段实施 HAZOP 分析的效益

对于生产运行阶段的装置实施 HAZOP 分析，可以为企业带来如下效益：

（1）定期实施 HAZOP 分析，通过系统化和结构化的分析，能够全面排查生产装置存在的危险隐患，明确装置潜在危险的重点部分，从而明确装置日常维护管理的关键目标和对象。HAZOP 分析使企业的安全监管能够更加结合装置的实际，明确监管目标，突出监管重点，提高安全监管效率。

（2）HAZOP 分析不但识别潜在事故隐患，还提出了有效的、可行的安全措施和可操作性改进建议，在确保安全的同时，在很大程度上减少了装置运行的故障，减少了非计划停车的次数，提高了装置运行的可靠性、提高了产品质量，从而降低生产成本，获得竞争优势。

（3）高质量的 HAZOP 分析结果信息包括了工艺系统几乎全部可信的重大事故剧情和有效的安全处理措施。相当于提出了装置系统较为全面的事故预案。如果企业能有效利用 HAZOP 分析结果信息，补充完善装置的事故应急预案，当预测的事故剧情真正发生时，企业的管理人员和员工不再会惊慌失措无所作为，甚至错过处理事故的最佳时机，导致更加严重的灾难。而是心中有数，迅速分辨事故原因，预测事故传播的路径，有效应对事故。

（4）HAZOP 分析是企业变更管理的基础。变更管理的一项重要任务是对变更实施危险审查，提出审查建议措施，这正是 HAZOP 分析的强项。通过 HAZOP 分析还可以帮助变更管理完成多项任务，例如，更新 P&ID 和工艺流程图；更新相关安全措施；提出哪些物料和能量平衡需要更新；提出哪些释放系统数据需要更新；更新操作规程；更新检查规程；更新培训内容和教材等。

（5）HAZOP 分析是对装置工艺流程和设备特性的全面、深入分析。在这个活动中，企业管理人员、技术人员和操作/维修人员可以充分了解工艺系统的原理及其设计意图，了解工艺过程的知识，提高员工技术水平。特别是有助于在全体员工中树立更完整的安全意识。

（6）国外经验表明，认真实施 HAZOP 分析，还可以提升员工参与过程安全管理的积极性，有利于传播先进的安全理念和优良的安全文化；还是企业管理者与企业员工直接沟通的一种方式。这种沟通可以改善企业管理层与社会公众和本企业员工的关系。

(7) HAZOP 分析可以帮助企业识别影响产品产量或质量的原因并得到改进方案。

(8) HAZOP 分析的结果，既包括装置危险信息，又包括与员工相关的可操作性信息，是进行员工安全培训和技术培训的最佳教材之一。

虽然，以上提到实施 HAZOP 分析有诸多效益，但是前提必须是成功的并且是高质量的 HAZOP 分析，同时 HAZOP 分析所提出的建议必须得到落实(又称为跟踪与关闭)，否则无法取得应用效益。HAZOP 分析的成功因素涉及多个方面，详见第4章。此外 HAZOP 方法也有局限性，详见第6章。

需要强调的是，HAZOP 分析只是过程安全管理中进行工艺危险分析的一个环节，完成 HAZOP 分析并不意味着工厂就已经完全安全了。要降低运营的风险，还需要落实过程安全管理的其他要素，详见下一节过程安全管理。

1.4 过程安全管理

1.4.1 过程安全管理概念

涉及危险化学品的工厂通常涉及四个与安全相关的方面，即作业安全(也称职业安全)、过程安全(也称工艺安全)、产品安全与化学品运输安全。从物理位置上而言，产品安全和化学品运输安全通常涉及工厂以外区域的活动，而在工厂范围内，主要涉及的是作业安全和过程安全。

作业安全与过程安全两者的目的都是避免或减少事故危险，包括人员伤害、设备损坏和环境污染。作业安全关注的是作业者的安全，主要是通过合理的作业方法和个人防护来确保作业者安全地完成作业任务。过程安全则关注工艺系统的合理性与完好性，基本出发点是防止危险化学品泄漏或能量的意外释放，以避免灾难性的事故，如着火、爆炸和大范围的人员中毒伤害等。

过程安全事故可能导致非常严重的后果。工业界在吸取以往事故教训的基础上，逐步形成了系统的过程安全管理方法及实践，即通常所谓的“过程安全管理”。

不同的组织或机构对过程安全管理的定义稍有差别，但基本的含义很接近。例如，美国化学工程师协会(AIChE)下属的化工过程安全中心(CCPS)对过程安全管理的定义如下：“过程安全管理是指应用管理原则和管理系统，识别、了解和控制工艺危险，达到预防工艺过程相关的伤害及事故的目的。”

过程安全管理的出发点是通过系统化的管理，识别工艺系统的危险，并采取必要的措施防止灾难性的化学品泄漏或能量意外释放。它贯穿工艺系统的整个生命周期，涉及研发、设计、工程、生产、维护维修和事故管理等诸方面。我们很多的工厂虽然没有提及“过程安全管理”的概念，实际上已经在开展某些过程安全管理相关的工作。过程安全管理概念的提出，将以往零散的管理要素有机结合起来，形成系统化的管理体系，借助系统性的管理来降低流程工厂的运营风险。

1.4.2 过程安全管理法规的沿革

在1970~1990年期间，工业界发生了很多涉及危险化学品的严重的过程安全事故，这些事故陆续催生了过程安全管理相关的法规。

世界上第一部关于过程安全管理的法规，是1982年欧洲颁布的Seveso Ⅰ 指令。该法规颁布之前，在欧洲发生了数起严重的过程安全事故，诸如1974年英国Flixborough爆炸事故、1975年荷兰Beek爆炸事故和1977年意大利Seveso有毒物泄漏事故。Seveso Ⅰ指令强调公众的知情权和对应急反应的要求。在修订Seveso Ⅰ的基础上，欧洲又于1996年颁布了Seveso Ⅱ指令，主要强调对重大危险的控制和良好过程安全管理系统的应用。Seveso Ⅱ的颁布，在很大程度上吸取了印度博帕尔事故的教训。印度博帕尔事故发生之后，美国也陆续发生了一系列过程安全事故，包括1989年导致23人死亡和130多人受伤的休斯敦爆炸事故。于是，美国职业安全健康管理局(OSHA)于1992年颁布了过程安全管理的标准，即OSHA过程安全管理(OSHA PSM)，该标准中包含14个管理要素。此后，美国环保局(EPA)于1999年颁布了《净化空气法案》的修正案，包括了应对灾难性泄漏相关的规定，在OSHA PSM的基础上进一步强调了风险评估和应急反应的要求。

我国国家安全生产监督管理总局于2010年颁布了AQ/T 3034—2010《化工企业工艺安全管理实施导则》，从2011年5月1日生效。

1.4.3 过程安全管理系统简介

过程安全管理系统通常包含一系列管理要素。行业中，各种过程安全管理标准和导则都规定了各自的管理要素。例如，OHSA颁布的过程安全管理标准中包含以下14个要素。

(1) 过程安全信息

流程工厂在设计和运营过程中，应该编制涉及危险化学品和工艺系统相关的资料，如化学品安全技术说明书(MSDS)、反应机理及特性描述文件、工艺流程图(PFD)、带控制点的管道仪表流程图(P&ID)、设备材料规格文件、防爆危险区域划分图(HAC)、泄压装置计算书、通风系统计算书等等。这些是开展过程安全管理的基础。工厂需要建立适当的过程安全信息管理制度，说明如何获取、使用、保存和更新这些信息资料。过程安全信息也是开展工艺危险分析的基础。

(2) 工艺危险分析

工厂需要建立工艺危险分析的管理制度，说明在工艺装置各个阶段(研发、设计、建造和运营)开展工艺危险分析的具体要求，例如工艺危险分析方法的选用、对分析团队的要求、报告编制的要求、所提出的建议措施的跟踪完成要求以及工艺危险分析复审的要求。开展工艺危险分析的方法很多，本书介绍的HAZOP分析方法是OSHA推荐采用的工艺危险分析方法之一。

(3) 变更管理

工厂在设计和运营过程中，出于各种目的，有时需要对工艺技术、设施或生产方法进行变更，因此，需要建立一套制度来管理变更的过程，包括变更的提出、审查、批准和落实等各个环节的要求。对于涉及工艺系统的变更，通常需要对变更部分开展工艺危险分析，以确保变更不会带来新的安全隐患或增加工艺系统运行的风险。

（4）投产前安全审查

工厂需要建立制度，在新建或改建项目投入生产之前，对工艺系统开展全面的安全审查，有利于安全投产和此后的顺利运行。很多公司会组成专门的审查小组，采用事先编制好的审查表，对欲投产的工艺系统开展细致和系统的审查。

（5）操作规程

流程工厂需要编制必要的操作规程，诸如开(停)车的操作规程、正常生产的操作规程和应急操作规程等等。在这些操作规程中，需要包含必要的安全信息。这些信息帮助操作人员以安全的方式完成日常操作任务及应对异常工况和应急状况。

（6）培训

工厂需要建立必要的培训与再培训制度，确保生产操作人员接受必要的培训，特别是了解各自生产岗位的主要危险，以及这些危险的控制措施。

（7）机械完整性

机械完整性是实现过程安全的基础。工厂需要建立机械完整性管理制度，在设计、加工制造、安装和维护维修等环节予以落实，确保关键设备和仪表的完整性与可靠性，从而减少因设备或仪表故障所导致的过程安全事故。

（8）动火作业许可证

涉及危险化学品的工厂需要建立动火作业许可证制度，规范在工艺区域内的动火作业活动，以控制火源，防止发生着火或爆炸事故。

（9）承包商

工厂根据生产需要，往往聘请承包商从事施工、生产或维修工作。工厂需要建立承包商的管理制度，以确保承包商在工厂内安全作业；特别是为承包商提供适当的培训，让他们了解工厂存在的主要危险和出现事故时的应急反应要求；也鼓励承包商报告不安全的情况和发生的事故。

（10）应急计划与应急反应

工厂需要编制应急反应计划，对员工进行培训和开展演练，以应对灾难性的危险化学品泄漏。应急反应计划还应该包括危险化学品泄漏物的废弃对策。

（11）事故调查

工厂需要建立事故报告及调查制度，组织调查每一起造成(或可能造成)灾难性后果的危险化学品泄漏事故，识别导致事故的原因(包括导致事故的根源，即管理上存在的某些缺陷)，及时落实事故调查所提出的改进措施。

（12）商业机密

工厂应该向从事过程安全管理相关工作的人员提供必要的资料，如用于编制过程安全信息、开展工艺危险分析、编写操作规程、参与事故调查、编制应急反应计划及参与符合性审核等所需要的图纸和文件。可以要求资料的使用者签订保密协议。

（13）符合性审核

法规要求至少每3年开展一次过程安全管理系统的符合性审核，及时发现存在的不足之处并加以改进，确保工厂的运营满足过程安全相关法规的要求。

(14) 员工参与

工厂需要编制书面的行动计划，说明如何鼓励员工参与过程安全管理相关的工作。员工参与是全面有效开展过程安全管理的基础，有助于工厂建立合作和参与的氛围，创建良好的安全文化。

我国颁布的 AQ/T 3034—2010《化工企业工艺安全管理实施导则》中包含 12 个要素，即工艺安全信息、工艺危害分析、操作规程、培训、承包商管理、试生产前安全审查、机械完整性、作业许可、变更管理、应急管理、工艺事故/事件管理及符合性审核。与 OSHA 过程安全管理的要求基本类似。

一些行业机构也颁布了自己的过程安全管理导则，例如，美国化学学会(ACC，American Chemistry Council)颁布的导则中包括 22 个要素，而美国化学工程师协会下属的过程安全中心(CCPS/AIChE Center for Chemical Process Safety)的导则包括 20 个要素，涉及过程安全职责、危害与风险评估、风险控制和持续改进等四个方面。

虽然上述标准或导则中所列的管理要素不尽相同，但其实质内容是一致的，都是围绕危害识别与风险控制提出管理方面的要求，殊途同归。

1.4.4 工艺危险分析与过程安全管理的关系

最大的隐患是不知道隐患在哪里。要预防工艺安全事故，一个关键的问题是要排查出所有的潜在的过程安全隐患。因此，在过程安全管理系统中，工艺危险分析是核心要素。它与其他要素之间存在着非常密切的关系，如图 1.6 所示。

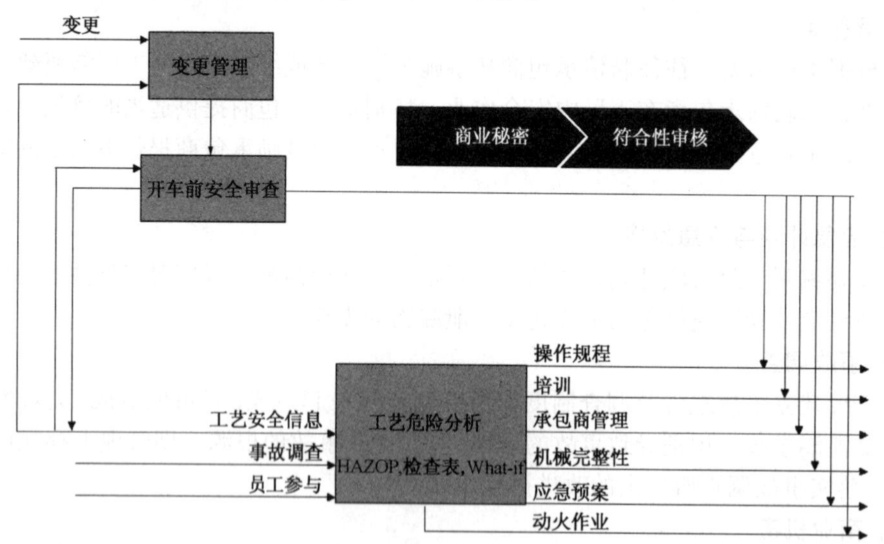

图 1.6 工艺危险分析在过程安全管理体系中的作用

(1) 工艺危险分析需要员工参与；

(2) 工艺危险分析需要过程安全信息和事故调查的结果作为分析的基础；

(3) 通过工艺危险分析可能发现操作规程中存在的问题，进而完善操作规程；

(4) 工艺危险分析的结果可以用于员工培训和承包商管理；

(5) 需要机械完整性管理来确保在进行工艺危险分析之后风险受控；

(6) 需要开车前安全审查来确保工艺危险分析所提出的建议措施获得落实；

(7) 如果发生任何工艺变更，需要通过变更管理程序启动工艺危险分析；

(8) 在工艺危险分析开始之前，需要商业秘密这个管理要素确保工艺危险分析团队能够获得工艺危险分析所需要的相关信息资料；

(9) 符合性审核从整体上确保各要素按照法规及公司特定的要求得以执行；

(10) 工艺危险分析的结果可以用于区域危险分级，进而可以作为动火作业管理的依据。

常用的工艺危险分析方法有：

- 故障假设法(What-if)；
- 检查表法（Checklist)；
- 故障假设法/检查表法（What-if/Checklist)；
- 预危险分析（Pre-Hazard Analysis)；
- 故障模式与影响分析(FMEA, Failure Mode and Effects Analysis)；
- 危险与可操作性分析(HAZOP, Hazard and Operability Studies)；
- 故障树分析(FTA, Fault Tree Analysis)；
- 保护层分析（LOPA, Layer of Protection Analysis)；
- 事件树分析(ETA, Event Tree Analysis)；
- 后果分析(CA, Consequence Analysis)。

这些方法都有各自的特点，在实际工作中，要根据工艺系统的特点选择适当的分析方法。对于同一工艺系统，可以组合采用多种分析方法。一般而言，对于较简单的、较成熟的生产流程，宜采用 What-if 分析方法，不但能识别危险，而且节约时间；对于较复杂的或首次采用新工艺、新技术的生产流程，宜采用 HAZOP 分析方法，这样可以比较系统、全面地排查出未知的安全隐患和可操作性问题，为进一步的风险消减和控制提供决策依据。而在进行 HAZOP 分析之后，可利用 HAZOP 分析的结果完善检查表，在工艺系统没有发生重大改变的情况下，新建项目也可以采用检查表法开展工艺危险分析。

值得一提的是，选择什么样的分析方法只是手段或形式，工艺危险分析的真正目的是识别潜在的危险(包括正常生产工况下和异常工况下的危险)，并用比较科学的方法确保有足够的安全措施，将运行风险降低到可以接受的水平。

第2章 HAZOP分析方法

要点导读

本章详细介绍了HAZOP分析的4个基本步骤，从HAZOP分析启动、HAZOP分析范围的界定、HAZOP分析准备到HAZOP分析、HAZOP分析文档跟踪和HAZOP分析审核等方面全面阐述了如何开展和管理HAZOP分析项目。

2.1 HAZOP分析启动

HAZOP分析通常由业主单位的项目负责人(如项目经理)启动。项目经理应根据公司管理程序的要求，确定开展分析的时间、指派HAZOP分析团队主席，并提供开展分析必需的资源。由于法律规定或公司政策要求，通常在正常的项目计划期间，就已确定需要开展此类分析。在HAZOP分析团队主席的协助下，项目经理应明确定义分析的范围和目标。HAZOP分析开始前，项目经理应指派具有适当权限的人负责HAZOP分析建议的落实与关闭。HAZOP分析包括4个基本步骤，见图2.1。

2.2 HAZOP分析的目标

企业经理或项目经理应该明确每个工艺危险分析(包括HAZOP分析)项目的目标。如果目标不清楚，那么就有可能使分析团队把时间浪费在一些不那么重要的分析对象上。在确定分析目标时应考虑以下因素：

- 分析结果的应用目的；
- 分析工作的截止日期；
- 被分析的装置处于生命周期的哪个阶段；
- 可能处于风险中的员工、公众、环境和财产；
- 可操作性问题，包括影响产品质量的问题；
- 装置所采用的标准，包括安全和操作性能两个方面的标准。

事实上，不同的阶段，也应该有不同的分析目标。对于中试装置，分析目标包括(仅供参考)：

(1) 识别危险化学品泄漏到环境中的可能途径；

(2) 识别可能使催化剂失活的途径；

(3) 识别可能使人员暴露的方式；

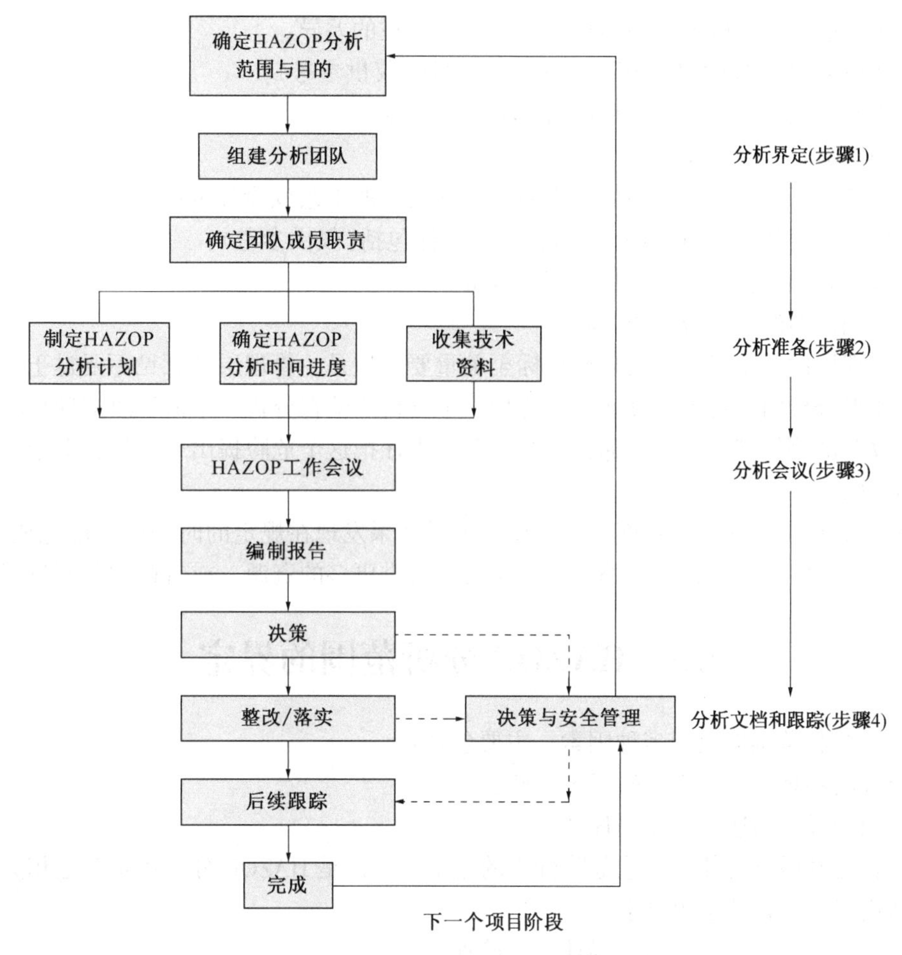

图 2.1　HAZOP 分析步骤图

(4) 找到使废物最少化的途径;

对于详细设计阶段的 HAZOP 分析，分析目标包括(仅供参考):

(1) 识别使设备内形成爆炸性混合物的途径;

(2) 识别危险化学品泄漏的可能途径;

(3) 识别使反应失控的控制器故障模式;

(4) 识别能够减少危险化学品物料库存的方法;

(5) 评估现有的安全保护装置能否把过程风险控制在可接受的范围内;

(6) 识别关键安全系统，确保对这些系统进行定期的检查、测试和维护。

对于开车阶段的 HAZOP 分析，分析目标包括(仅供参考):

(1) 识别在开车过程中可能犯的错误;

(2) 确保以前所有的工艺危险分析中发现的问题都已妥善解决，并且没有引发新的问题;

(3) 识别周边的设备给设备维护带来的危险;

(4) 识别设备清洗过程中的危险;

(5) 识别已经安装好的设备与设计图纸之间存在的差异;

对于在役装置的 HAZOP 分析,分析目标包括(仅供参考):

(1) 识别在执行操作规程过程中潜在的人员暴露;

(2) 识别潜在的设备超压;

(3) 在拥有了新的操作经验后,更新以前开展过的工艺危险分析;

对于发生变更装置的 HAZOP 分析,分析目标包括(仅供参考):

(1) 确认新的工艺物料是否带来新的危险;

(2) 识别出新的设备带来的危险。

尽管管理层的意见对于定义分析目标至关重要,但是,管理层的意见不要过于详细、过于死板,使得分析团队丧失了灵活性。比如一个分析团队在分析一个流程改造项目时,偶然发现了未改造部分的潜在危害,那么这个团队有责任把这个危险提出来,尽管那个部分不在分析范围之内。

HAZOP 分析项目的截止日期至关重要,但是如果发现在规定的时间内不能完成 HAZOP 分析任务,不能实现分析目标,那么管理层就要提供更多的资源,或者修改分析目标。

2.3 HAZOP 分析范围的界定

HAZOP 分析范围取决于多种因素,主要包括:

- 装置的物理边界及边界的工艺条件;
- 可用的设计描述及其详细程度;
- 装置已开展过的任何工艺危险分析的范围,不论是 HAZOP 分析还是其他相关分析;
- 适用于该装置的法规要求。

HAZOP 分析范围应有清晰的描述,以确保:

- 明确定义工作范围,以及装置与其他装置和周围环境之间的界面;
- 分析小组注意力集中,不会偏离到与目标无关的区域。

HAZOP 分析范围要在 P&ID 上清晰地划分出来。HAZOP 分析团队要明确相关的公用工程和环保设施是否在分析范围之内,要明确在 HAZOP 分析的后果分析时是否考虑对工厂外部的居民和环境造成的影响。

2.4 选择 HAZOP 分析团队

HAZOP 分析团队成员的构成和每个成员的专业能力(尤其是 HAZOP 分析主席的素质和经验)对 HAZOP 分析结果的质量而言至关重要。参与 HAZOP 分析的人员要有较高的专业素质和职业道德水准。只要团队成员具有分析所需要的相关技术、操作技能以及经验,HAZOP 分析团队应尽可能小。通常一个 HAZOP 分析团队至少有 4 人,很少超过 8 人。HAZOP 分析团队成员越多,分析工作会议进度越慢。当装置由承包商设计时,HAZOP 分析团队应包括承包商和业主两方人员。对 HAZOP 分析团队人员应进行 HAZOP 分析培训,使 HAZOP 分析团队所有成员具备开展 HAZOP 分析的基本知识,以便高效地参与 HAZOP 分析。

2.5 HAZOP 分析的准备

2.5.1 制定 HAZOP 分析计划

在进行 HAZOP 分析前，由 HAZOP 分析主席负责制定 HAZOP 分析计划。具体应包括如下内容：

- 分析目标和范围；
- 分析成员的名单；
- 详细的技术资料；
- 参考资料的清单；
- 管理安排、HAZOP 分析会议日程，包括日期、时间和地点；
- 要求的记录形式；
- 分析中可能使用的模板或计算机软件。

此外，HAZOP 分析项目经理应负责提供合适的房间设施、可视设备及记录工具，以便会议有效地进行。第一次会议前，HAZOP 分析主席应将包含 HAZOP 分析计划及必要参考资料的简要信息包分发给 HAZOP 分析团队成员，便于他们提前熟悉内容；不熟悉分析对象的团队成员宜对分析对象开展现场调查。HAZOP 分析主席可以安排人员对相关数据库进行查询，收集采用相同或相似技术出现过的事故案例。

在 HAZOP 分析的计划阶段，HAZOP 分析主席应提出要使用的引导词初始清单。并针对系统测试所提出的引导词，确认其适宜性。应仔细考虑引导词的选择，如果引导词太具体可能会限制思路或讨论，如果引导词太笼统可能又无法有效地集中到 HAZOP 分析中。

2.5.2 收集 HAZOP 分析需要的技术资料

HAZOP 分析开始前，业主单位要准备好分析过程中所需的技术资料，即过程安全管理的一个要素——工艺安全信息。如果所需资料不完整、不与所分析的装置实际情况相符，那么就不要急于开始 HAZOP 分析，而是要设法补充完整和更新所需要的工艺安全信息，否则即使开展了 HAZOP 分析，所得的分析结果将不可信。一个避免上述问题最好的办法就是企业要建立、健全过程安全管理体系，在制度上保证工艺安全信息的完整性和更新的及时性。

如果企业的技术资料准确齐全，对于一个比较简单的化工过程，HAZOP 分析前的准备时间需要 1~2 天；对于一个比较复杂的化工过程，HAZOP 分析前的准备时间需要一个星期左右。

2.6 HAZOP 分析

2.6.1 基本步骤

HAZOP 分析顺序有两种：“参数优先”和“引导词优先”，分别见图 2.2 和图 2.3。“参数优先”顺序可描述如下：

(1) 概述分析计划。在HAZOP分析开始时，HAZOP分析主席确保分析成员熟悉所要分析的过程系统以及分析的目标和范围。

(2) 划分节点。HAZOP分析主席在会议开始之前划分好节点(有关节点的划分方法见2.6.2节)，并选择某一节点作为分析起点，做出标记。

(3) 描述设计意图。工艺工程师或设计工程师解释该节点的设计意图，确认相关参数。

(4) 产生偏离。HAZOP分析主席选择该节点中一个参数，确定使用哪些引导词，并选定其中的一个引导词与选定的参数相结合，产生一个有意义的偏离(详见2.6.4)。

(5) 分析后果。在不考虑现有的安全保护措施的情况下，HAZOP分析团队在HAZOP分析主席的引导下，识别出该偏离所能导致的所有不利后果(详见2.6.5)。

(6) 分析原因。分析团队在主席的引导下，在本节点以及该节点的上下游分析识别出能够导致该偏离的所有根本原因(详见2.6.6)。

(7) 确定安全保护措施。分析小组应识别系统设计中对每种后果现有的保护、检测和显示装置(措施)，这些保护措施可能包含在当前节点，或者是其他节点设计意图的一部分(详见2.6.7)。

(8) 确定每个后果的严重性和可能性。在考虑安全保护措施的情况下，根据风险矩阵确定该后果的风险等级。风险矩阵的使用在第3章中有进一步论述。

(9) 提出建议措施。如果该后果的风险等级超出企业能够承受的风险等级，HAZOP分析团队就必须提出降低风险的建议措施。

(10) 记录。记录员对所有的偏离、偏离的根本原因和不利后果、保护措施、风险等级都要做详细记录。

(11) 依次将其他引导词和该参数相结合产生有意义的偏离，重复以上步骤(5)~(10)，直到分析完所有引导词。

(12) 依次分析该节点的所有参数的偏离，重复以上步骤(4)~(11)，直到分析完毕该节点的所有参数。

(13) 依次分析完成所有节点，重复以上步骤(2)~(12)，直到分析完毕所有节点。见图2.2。

HAZOP分析的另一种分析顺序是“引导词优先”顺序，是将第一个引导词依次用于分析节点的各个参数或要素。这一步骤完成后，进行下一个引导词分析，再一次把引导词依次用于所有参数或要素。重复进行该过程，直到全部引导词都用于分析节点的所有参数或要素，然后再分析系统下一节点，见图2.3。

在进行某一分析时，HAZOP分析主席及其团队成员应决定选择“参数优先”还是“引导词优先”。无论如何，要确保不漏掉对所有设计意图偏离的分析。如果HAZOP分析会议不受干扰，对于一个小型的或简单的化工过程，可能需要2~6天的时间才能完成HAZOP分析；对于一个大型的或复杂的化工过程，可能需要2~6个星期的时间才能完成HAZOP分析。

2.6.2 节点划分

HAZOP分析的基础是“引导词检查”，它是仔细地查找与设计意图背离的偏离。为便于

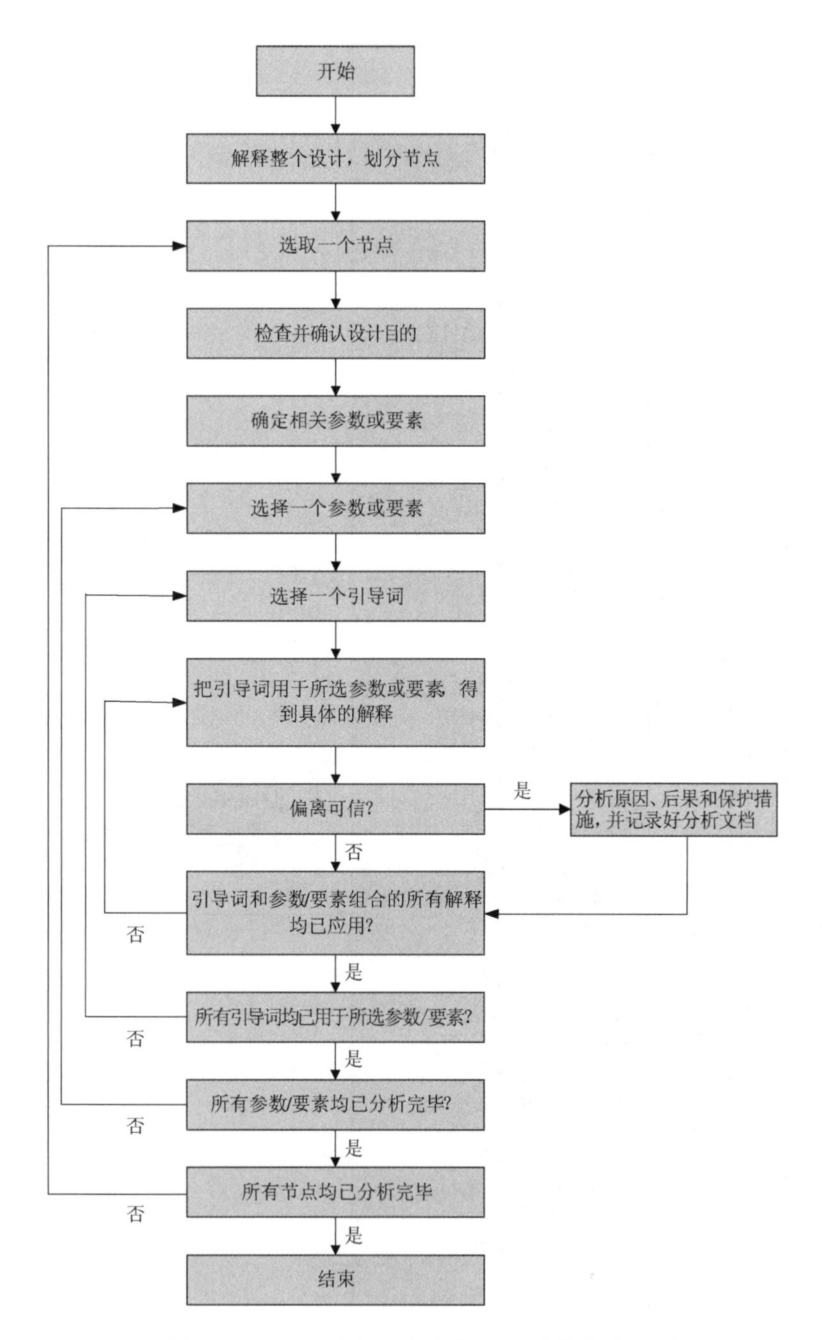

图2.2　HAZOP分析基本步骤——“参数优先”顺序

分析，可将系统分成多个节点，各个节点的设计意图应能充分定义。对于连续的工艺操作过程，HAZOP分析节点可能为工艺单元；而对于间歇操作过程来说，HAZOP分析节点可能为操作步骤。所选节点的大小取决于系统的复杂性和危险的严重程度。复杂或高危险系统可分成较小的节点，简单或低危险系统可分成较大的节点，以加快分析进程。

对于连续工艺过程，分析节点划分时主要考虑设计意图的变化、过程化学品状态的变

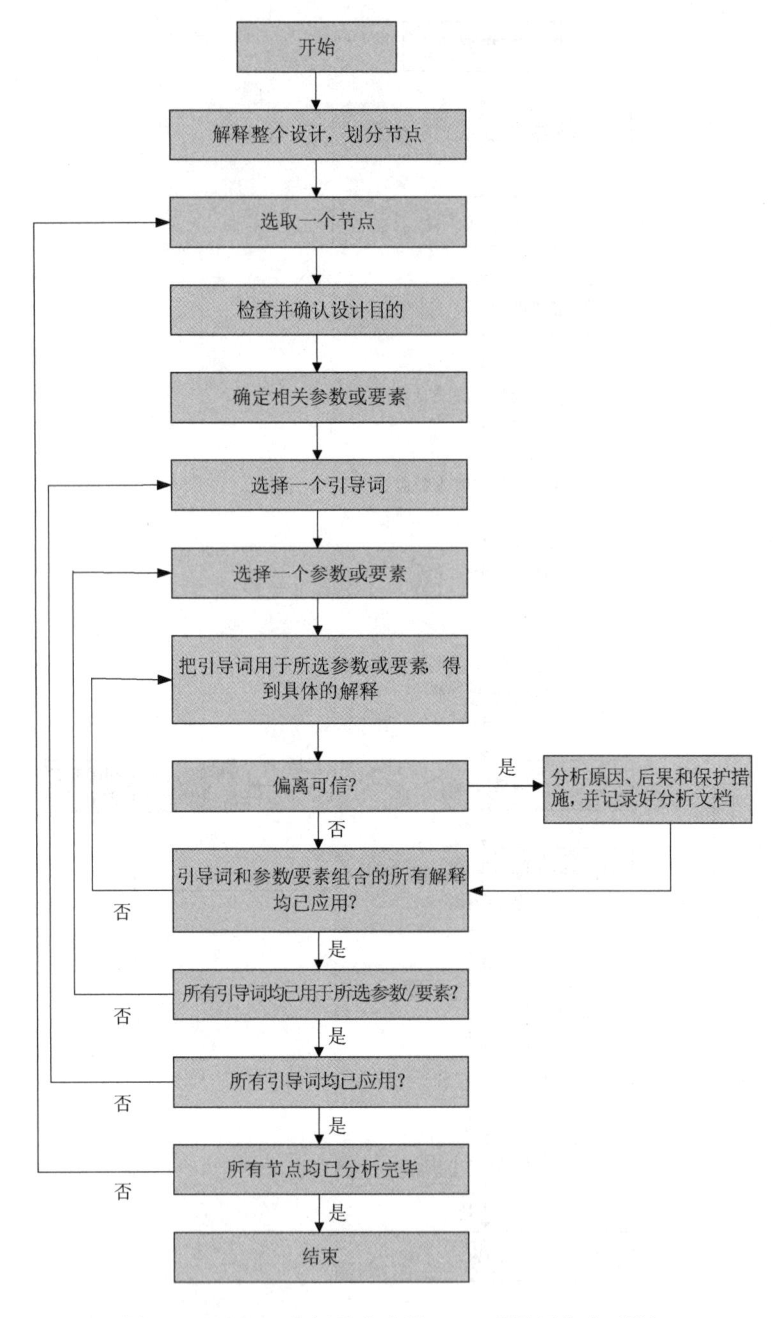

图 2.3 HAZOP 分析基本步骤——“引导词优先”顺序

化、过程参数的变化、单元的目的与功能、单元的物料、合理的隔离/切断点、划分方法的一致性等因素。

节点的划分一般按照工艺流程的自然顺序进行，从进入 P&ID 的管线开始，继续直至设计意图的改变，或继续直至工艺条件的改变，或继续直至下一个设备。

上述状况的改变作为一个节点的结束，另一个节点的开始，常见节点类型见表 2.1。

表 2.1　常见节点类型表

序号	部分节点类型	序号	部分节点类型
1	管线	9	炉子
2	泵	10	热交换器
3	间歇反应器	11	软管
4	连续反应器	12	步骤
5	罐/槽/容器	14	作业详细分析
6	塔	15	公用工程
7	压缩机	16	其他
8	鼓风机	17	以上基本节点的合理组合

划分节点时要注意如果划分的范围太大，分析团队有可能陷于困境，无法深入讨论，容易漏掉某些偏离的分析。如果划分的范围太小，则可能使 HAZOP 分析变得十分冗长。经验不足的 HAZOP 分析主席最好把节点划分得小一些，这样不容易遗漏对所有设计意图偏离的分析。分析节点范围一般由 HAZOP 分析主席在会前进行初步划分，具体分析时与分析团队成员讨论确定。划分节点后，可用不同的颜色在 P&ID 上加以区别。

2.6.3　设计意图描述

设计意图是 HAZOP 分析的基准，应尽可能准确、完整。从上面的介绍我们已经知道 HAZOP 分析是对系统与设计意图偏离的缜密查找过程。为了便于分析，在 HAZOP 分析过程中还要将系统划分成多个节点，并由工艺工程师或设计工程师充分说明各节点的设计意图。HAZOP 分析主席应确认设计意图的准确性和完整性，以便使 HAZOP 分析能够顺利进行。因此，在收集信息资料时应注意：如果 HAZOP 分析在装置运行、废止阶段进行，应注意确保对体系所做过的任何变更均体现在设计意图的描述中。开始分析前，分析团队应再次审查工艺安全信息资料，若有必要，应进行修改和补充。

通常，多数设计文档中的设计意图局限于系统在正常运行条件下的基本功能和参数，而很少提及可能发生的非正常运行条件和不期望的现象(如：可能引起失效的强烈振动、管道内的水锤效应和电压浪涌等)。但是这些非正常条件和不期望的现象在分析期间都应予以识别和考虑。此外，在设计意图中，不会明确说明造成材料性能退化的退化机理(如老化、腐蚀和侵蚀等)。但是，在分析期间必须使用合适的引导词对这些因素进行辨识和考虑。

预期的使用年限、可靠性、可维护性、维修保障以及维护期间可能遇到的危险，只要它们在 HAZOP 分析的范围之内，也应予以辨识和考虑。

2.6.4　偏离确定

对于每一个节点，HAZOP 分析团队以正常操作运行的参数范围为标准值，分析运行过程中参数的变动(即偏离)，这些偏离通过引导词和参数的一一组合产生，即

偏离 = 引导词 + 参数

参数分为两类：一类是概念性的参数，如反应、混合和转化等；另一类是具体化的参数，如温度、压力和流量等。基本引导词及其含义见表 2.2。

表 2.2 基本引导词及其含义

偏离类型	引导词	含义	示例
否定	没有	完全没有达到设计意图	无流量
数量改变	过多或过高	数量上的增加	温度高
	过少或过低	数量上的减少	温度低
性质改变	额外或伴随	性质上的变化/增加	出现杂质；出现不该出现的相变
	部分	性质上的变化/减少	两个组分中只有一个组分被加入
替换	相反	设计意图的逻辑取反	管道中的物料反向流动或发生逆反应
	替换或错误	完全替代	输送了错误物料

与时间和先后顺序(或序列)相关的引导词及其含义见表 2.3。

表 2.3 与时间和先后顺序(或序列)相关的引导词及其含义

偏离类型	引导词	含义	示例
时间	过早	相对于给定时间早	某事件的发生较给定时间早
	过迟	相对于给定时间晚	某事件的发生较给定时间晚
顺序或序列	先于	顺序或序列提前	某事件在序列中过早地发生
	迟于	顺序或序列推后	某事件在序列中过晚地发生

除上述引导词外，还可能有对辨识偏离更有利的其他引导词，这类引导词如果在分析开始前已经进行了定义，就可以使用。

引导词与参数的组合可视为一个矩阵，其中，引导词定义为行，参数定义为列，所形成的矩阵中每个单元都是特定引导词与参数的组合。为全面进行危险识别，参数应涵盖设计意图的所有相关方面，引导词应能引导出所有偏离。并非所有组合都会给出有意义的偏离，因此，考虑所有引导词和参数的组合时，矩阵可能会出现空格。

引导词法的优点在于系统性，有助于全面系统地分析问题，对措施不足的设计工况提出建议措施。缺点是耗时长，重复工作较多。非常适合新开发项目，或者已工业化但从没有进行过 HAZOP 分析的项目。某些 HAZOP 分析主席可能会利用他们个人的经验，产生偏离。但是，这不是 HAZOP 分析的最佳实践，因为这个方法适用于经验非常丰富的 HAZOP 分析主席。所以也就不在这本基础性的读物中加以介绍。

2.6.5 不利后果识别

后果是指偏离造成的后果。分析后果时应假设任何已有的安全保护(如安全阀、联锁、报警、紧停按钮、放空等)，以及相关的管理措施(如作业制度、巡检等)都失效，此时所导致的最终不利后果。也就是说，HAZOP 分析团队应首先忽略现有的安全措施，分析在偏离所描述的事故剧情出现之后，可能出现的最严重后果。这样做的目的是能够提醒 HAZOP 分析团队关注可能出现的最严重的后果，也就是最恶劣的事故剧情。

偏离造成的最终事故后果一般分为以下几类：

(1) 安全类，如：爆炸、火灾，毒性影响。

（2）环境影响类，如：固相、液相、气相的环境排放，噪声影响。

（3）职业健康类，如：对操作人员及可能影响人群的短期与长期健康影响。

（4）财产损失类，如：设备损坏、装置停车、对下游装置的影响等。

（5）产品损失类，如：产品产量降低，产品质量降低等。

后果也可能包括操作性问题，如：工艺系统是否能够实现正常操作，是否便于开展维护和维修，是否会导致产品质量问题或影响收率；是否增加额外的操作与检维修难度等。另外，根据不同的 HAZOP 分析对象，后果识别可能也包含对公众的影响、对企业声誉的影响及工期的延误等。

从安全角度讲，后果识别时人身伤害的事故后果需要特别关注。

后果识别需要发挥 HAZOP 分析团队的知识和经验，以便 HAZOP 分析团队能够在 HAZOP 分析会议上快速地确定合理、可信的最终事故后果，而不能过分夸大后果的严重程度。此外，有的公司在标准中规定，在 HAZOP 分析的估计后果时应该保守一些，其目的是为了保证必须考虑更安全的措施。例如：假设工艺设备由于超压而发生大口径的破裂，那么危险的工艺物料将发生泄漏。在发生火灾或蒸气云爆炸前，泄漏持续的时间可能是几分钟，也可能是半个小时，甚至是 1 个小时。假设我们根据统计知道，类似的泄漏 80%能持续几分钟，20%是半个小时以上，那么在 HAZOP 分析过程中，HAZOP 分析团队应该假设泄漏时间在 20%的范围内。这样，可能发生火灾或爆炸的工艺物料的量就会增加，据此估计的事故是偏向保守的，据此设计的安全措施更多，装置更安全。本书附录 4 提供了常见不利后果严重度分级，可供后果识别和严重度分级参考。表 2.4 列出了化学品或能量释放的一些后果。

表 2.4　化学品或能量释放后果举例

序　号	化学品或能量释放的事件举例
1	常压储罐灾难性失效（瞬间或 10min 的释放）
2	常压储罐持续泄漏（10mm 直径漏孔）
3	压力容器失效（瞬间或 10min 的释放）
4	管路失效，全部破裂（管道尺寸≤150mm）
5	管路失效，全部破裂（管道尺寸>150mm）
6	管路泄漏（管道尺寸≤150mm）
7	管路泄漏（管道尺寸>150mm）
8	垫圈（有环加固）失效
9	装在法兰中的垫圈或盘根吹开，以及泵密封失效（任何类型）
10	泵密封失效（双机械密封失效）
11	灾难性泵密封失效（任何类型）
12	胶管失效，灾难性破裂
13	弹簧释放阀早开

2.6.6　原因识别

原因是指引起偏离发生的原因，是产生某种影响的条件或事件。例如，对仪表信号通道的干扰事件、管道破裂、操作人员失误、管理不善或缺乏管理等。原因分析是 HAZOP 分析的重要环节，原因分析过程可以增进对事故发生机制和各种原因的了解，同时有助于确定所需要的安全措施。当一个有意义的偏离被识别，HAZOP 分析团队应对其原因进行分析。偏离可能是由单一原因或多个原因所致，通常原因可以分为以下几种：

(1) 直接原因

是指直接导致事故发生的原因。直接原因是一种简单的情况，如果直接原因得到纠正，则在同一地点再度发生相同事故时，可能加以避免。但是无法防止类似事故发生。

(2) 起作用的原因

是指对事故的发生起作用，但其本身不会导致事故发生。与起作用的原因相同的原因还有使能原因或条件原因。纠正起作用的或使能原因有助于消除将来发生的类似事故，但是解决了一次不等于所有问题都能解决。

(3) 根原因

根原因如果得到矫正，能防止由它所导致的事故或类似的事故再次发生。根原因不仅应用于预防当前事故的发生，还能适用于更广泛的事故类别。它是最根本的原因，并且可以通过逻辑分析方法识别和通过安全措施加以纠正。

为了识别根原因，可能要识别一个导致另一个的一系列相互关联的事件及其原因。沿着这个因果事件序列应当一直追溯到根部，直到识别出能够矫正错误的根原因(通常根原因是管理上存在的某种缺陷)。识别和纠正根原因将会大幅度减少或消除该事故或类似事故复发的风险。

(4) 初始原因

在一个事故序列(一系列与该事故关联的事件链)中第一个事件称为初始原因，初始原因就是在大多数安全评价方法中所指的原因，又称为初始事件或触发事件。近年来，在 HAZOP 分析和保护层分析领域将所识别的原因明确界定为初始原因或初始事件(《安全评价方法指南》，CCPS，2008)。

表 2.5 列出了部分典型的偏离原因。

表 2.5 部分典型偏离原因表

序　号	偏　离　原　因
1	BPCS(基本过程控制系统)回路失效(包括气动控制回路失效)
2	压力调节器失效(单级)
3	温度控制阀失效
4	仪表保护设施的假动作
5	电力驱动泵(典型的是离心泵)假停(包括就地供电电路失效)
6	电力驱动压缩机假停
7	风机(引风型)失效
8	风机(鼓风型)失效
9	旋转设备(泵、风机和压缩机)失效
10	螺杆式输送器(早期堵塞)
11	螺杆式输送器物料过热(以及螺杆与外壳和套筒摩擦导致的过热)
12	供应失效
13	供应过度

续表

序 号	偏 离 原 因
14	停电(就地)
15	停电(全厂/ 单元范围)
16	过程供给迟钝
17	单向止逆阀开启失效(包括有大量的倒流情况时，阀门无泄漏)
18	串联(1oo2)双备份止逆阀(包括有大量的倒流情况时，阀门无泄漏)
19	人员失误，在常规任务中，每天执行一次或更多次，有检查表或助记提示
20	人员失误，在常规任务中，每月执行一次或更多次，有检查表或助记提示
21	人员失误，在非常规任务中，每月执行一次或更多次，有检查表或助记提示
22	被交通工具、铲车、吊车运行、吊车重物落下的冲击
23	闪电击中
24	小火灾
25	大火灾
26	停搅拌

2.6.7 现有安全措施识别

在分析偏离的后果时，分析团队应首先忽略现有的安全措施（例如报警、关断或者放空减压等），在这个前提下分析事故剧情可能出现的最严重后果。这种分析方法的优点是，能够提醒分析团队关注可能出现的最严重的后果，也就是最恶劣的事故剧情。分析团队进而分析已经存在的有效安全措施，讨论现有的安全措施是否切合实际，是否能够把风险降低到可以接受的程度，现有的安全措施是否保护过度。安全措施可以是工程手段类型，也可以是管理程序类型。所有分析讨论的内容，在得到团队的一致确认后，应进行详细的记录。

在对危险或者可操作性问题进行定性风险评估时，要依赖分析团队对初始事件可能的频率和后果严重度的经验估计和判断力。同时还必须正确估计和判断现有安全措施(包括建议安全措施)对降低初始事件发生频率和减缓后果严重度的作用，也就是安全措施降低事故剧情风险的作用。在事故剧情中处于初始事件至失事点之间的措施称为防止类安全措施，对危险传播有不同程度的阻止作用；在事故剧情失事点以后的措施称为减缓类安全措施，一般只能减缓不利后果的严重度。同一种安全措施在事故剧情中所处的位置不同，可能起不同的作用。

典型第一级限制系统类措施包括：

(1) 合理设计和建造，并配套相应的检查、检测和维护措施，以保障过程系统持续的机械完整性(Mechanical Integrity)。

(2) 基本过程控制系统(BPCS)，以确保控制系统成功地响应预期的变化。

(3) 培训操作人员以降低错误执行操作程序的可能性。

(4) 隔离、专用设备或其他措施降低不相容物料被混合或接触的可能性。

(5) 物料、设备、操作规程、人员和技术的变更管理。

常见的防止类保护措施和减缓类保护措施见表2.6所示。

表2.6 常见的防止类保护措施和减缓类保护措施

防止类保护措施	减缓类保护措施
(1) 操作人员对异常工况的响应，并将工况返回至安全操作范围； (2) 操作人员对安全报警或异常工况的响应，并在后果事件发生前，人工停止工艺过程； (3) 专门设计并采用在探测到特定的非正常工况时，自动将系统带入安全状态的仪表保护系统； (4) 降低可燃性混合物出现时点火概率的点火源控制措施，预防火灾、爆炸等后果事件发生； (5) 紧急泄放系统用于释放容器超压，预防容器破裂爆炸； (6) 其他人工泄放和灭火系统	(1) 密闭卸放措施，例如安全卸放阀，从而缩短危险物料直接排放到大气后果事件的持续时间； (2) 二次储存系统，例如双层墙、二次围护、防火堤等； (3) 抗爆墙和防火墙； (4) 火灾、泄漏探测和报警系统； (5) 自动或远程启动的隔离阀； (6) 灭火器、水喷淋系统和消防水炮，以及水喷淋、水幕等有害物料蒸气云抑制系统； (7) 有人建筑物的抗爆结构设计； (8) 适用于特定后果事件的个体防护装备； (9) 应急响应和应急管理规划

充分考虑初始事件的发生频率对确定安全措施也是有帮助的。例如：泵的故障可能是由于关断系统的误动作，或泵的机械故障，或者出现了电力故障而导致的，见表2.7。其引起的后果虽然可能是一样的，因而针对后果的安全措施可能是一样的，但是针对初始事件的安全措施会完全不同。

表2.7 初始事件在分析安全措施中的作用

原　因	初始事件	如何分析针对初始事件的安全措施
泵故障	关断系统的误动作	(1) 分析关断系统的联锁是否必要； (2) 分析关断系统的校验周期是否适当
	泵的机械故障	(1) 分析泵的选型是否适当； (2) 分析泵是否有启停状态信号反馈至中控； (3) 分析泵的检维修方法，检维修周期是否适当，是否有明确的预防性维护计划
	电力故障	(1) 分析装置的供电是否有冗余回路； (2) 分析双路供电能否防止因一个事故(如火灾，管廊支架倒塌)导致两路电缆同时失效(共因失效)； (3) 分析关键转动设备是否需要其他动力来源(柴油驱动，应急发电机供电)

因此对初始事件的分析及其发生频率的有效判断，会让分析更加深入，同时分析团队能够快速地确定是否需要采取额外的安全措施，或进行进一步的其他分析与研究。

一个好的分析团队可以依据：数据库、专家经验以及企业的运行经验估计出常见初始事件最保守的发生频率。对于某些特殊设备或特殊事故剧情，应对初始事件发生的条件进行进一步分析，并粗略地进行定量分析(通常可以开展半定量分析)，以便进一步获得更准确的频率。

安全措施应独立于偏离产生的原因，如：某个流量控制回路发生故障是造成流量高的原因，则从该控制回路获得信号的仪表或报警不能视为现有安全措施。应优先考虑硬件的现有安全措施，如本质更安全设计、基本过程控制系统、关键报警和人员响应、安全仪表系统、安全阀和爆破片、防火堤等。分析讨论的现有安全措施，在得到团队的一致确认后，应进行详细的记录。石油化工企业典型安全措施描述、说明与示例见表 2.8。

表 2.8　石油化工企业典型安全措施

安全措施	描　述	说　明	示　例
本质更安全设计	从根本上消除或减少工艺系统存在的危险		容器设计可承受高温、高压等
基本过程控制系统（BPCS）	BPCS 是执行持续监测和控制日常生产过程的控制系统，通过响应过程或操作人员的输入信号，产生输出信息，使过程以期望的方式运行。由传感器、逻辑控制器和最终执行元件组成	BPCS 可以提供三种不同类型的安全功能作为独立保护层（IPL）： ① 连续控制行动。保持过程参数维持在规定的正常范围以内，防止初始事件（IE）发生。 ② 报警行动。识别超出正常范围的过程偏离，并向操作人员提供报警信息，促使操作人员采取行动（控制过程或停车）。 ③ 逻辑行动。行动将导致停车，使过程处于安全状态	压力、温度、流量、液位等 BPCS 控制
关键报警和人员响应	关键报警和人员响应是操作人员或其他工作人员对报警响应，或在系统常规检查后，采取的防止不良后果的行动		
安全仪表功能（SIF）	安全仪表功能通过检测超限（异常）条件，控制过程进入功能安全状态。一个安全仪表功能由传感器、逻辑控制器和最终执行元件组成，具有一定的安全完整性等级（SIL）	安全仪表功能 SIF 在功能上独立于 BPCS。SIL 分级可见 GB/T 21109	① 安全仪表功能 SIL1； ② 安全仪表功能 SIL2； ③ 安全仪表功能 SIL3
物理保护	提供超压保护，防止容器的灾难性破裂	包括安全阀、爆破片等，其有效性受服役条件的影响较大	① 单个簧式安全阀，处于清洁的服役环境，未出现过堵塞或污垢，安全阀前后无截止阀或截止阀的开/关是可以监控的状态。 ② 双冗余弹簧式安全阀，处于清洁的服役环境，安全阀尺寸应满足危险场景发生时的泄放量要求，安全阀前后无截止阀。 ③ 为满足泄放量要求安装多个安全阀。 ④ 单个弹簧式安全阀，处于潜在堵塞的服役环境。 ⑤ 先导式安全阀，处于清洁的服役环境，未出现过堵塞或污垢。 ⑥ 和爆破片串联的弹簧式安全阀等

续表

安全措施	描　述	说　明	示　例
释放后保护设施	释放后保护设施是指危险物质释放后，用来降低事故后果(如大面积泄漏扩散、受保护设备和建筑物的冲击波破坏、容器或管道火灾暴露失效、火焰或爆轰波穿过管道系统等)的保护设施		如可燃气体和有毒气体检测报警系统、便携式可燃气体和有毒气体检测报警器、火灾报警系统、电视监视系统、紧急切断阀、防火堤、防爆墙或防爆舱、耐火涂层、阻火器、隔爆器、水幕、自动灭火系统等
工厂和社区应急响应	在初始释放之后被激活，其整体有效性受多种因素影响		主要包括固定灭火系统、消防队、人工喷水系统、工厂撤离、社区撤离、避难所和应急预案等

2.6.8 评估风险等级

评估风险等级是HAZOP分析的重要环节，因为HAZOP分析团队要判断一个危险剧情的现有安全措施是否充分，从而判断是否已经把风险降低到了可以接受的程度。如果认为现有安全措施已经可以把风险降至可接受的程度，那么此危险剧情的分析到此结束。如果HAZOP分析团队认为现有安全措施不能使风险降至可接受的程度，那么分析团队要提出一个或若干个建议安全措施。这种判断很大程度上要依靠HAZOP分析团队的经验、知识和能力，并且要最终取得一致意见。

对于偏离导致的每一种后果，都应进行风险等级评估。进行HAZOP分析时最常用的风险等级评估工具就是风险矩阵。有关如何利用风险矩阵进行风险评估的详细介绍参见第3章。此外，对于评估出的高后果或高风险危险事件，宜开展保护层分析(LOPA)和安全仪表功能的安全完整性等级(SIL)评估。

2.6.9 提出建议措施

在建议新的安全措施前，HAZOP分析团队应首先审查风险。一般来讲，只有当分析团队认为在实施了现有安全措施之后，剩余风险仍然超过企业的可接受标准时，才考虑建议安全措施，确保通过现有的安全措施和这些建议措施的实施使风险降低到企业可以接受的水平。

建议安全措施可以通过表2.9所示的几种方式提出。

表2.9　建议措施的提出方式

类　型	说　明
提醒式	在识别出剩余风险超过可接受标准之后，仅仅概略要求额外的工程或管理工作以降低风险，或建议在HAZOP分析会议之外进行进一步的分析。也就是说，建议措施仅起到风险识别，引起相关方进一步行动的提醒作用。这可以加速分析的速度，但是相关方可能因没有全程参与讨论，在建议关闭时容易引起歧义或忽视

续表

类　型	说　　明
细节式	分析团队开展尽量详尽的讨论，并记录针对性工程措施，或管理程序所推荐的解决方法。这有助于措施的关闭，但可能使分析进度放慢，特别是在分析团队无法就建议措施达成一致的情况下
折中式	介于以上两种方法中间的讨论深度，即分析团队只有在发现不符合设计标准、企业管理程序的情况下，或者分析团队快速达成一致时，才建议详细的安全措施。其他的问题，尤其是还没有达成一致的，则建议在 HAZOP 分析会议之外进行进一步地分析与研究。这个方法的好处就是达成一致的安全建议能够立即在图纸上做出标记，并在记录表格中详细记录，以便于相关方进一步行动。而分析不会因没有达成一致的建议而陷于停滞。 已经发现不符合设计标准、企业管理程序，或者分析团队快速达成一致的建议应采用关闭式的描述方式，避免使用“建议”、“考虑”、“调查”这一类含混的用语。应直接使用：“增加”、“提供”、“设置”等清晰的语言，从而提高 HAZOP 分析的有效性，避免后续执行中的误解与歧义。对于建议的细节内容也应做尽可能详细的记录。 仅仅对还没有达成一致的开放式建议使用：“考虑”、“建议”等不确定性的语言。 要注意在不同节点分析中建议的统一性。在某一节点的建议如果与其他节点相同事故剧情的安全措施有原则上的不同，则可能为建议的关闭带来巨大的障碍

为了避免分析过程中因安全措施的分析深度问题造成不必要的争执与延误，应该在 HAZOP 分析之前就对建议的分析深度达成一致，并在 HAZOP 分析的开始阶段进行提醒与强调。分析的过程中由 HAZOP 分析主席根据讨论情况来控制，这就对 HAZOP 分析主席的讨论引导能力、过程安全技术的掌握提出了很高的要求。

建议的措施可以在记录表格内分为以下几种类型，以便于跟踪执行。

(1) HSE 类问题

- 人员危险、职业健康影响；
- 财产损失：设备损坏、维修停车时间；
- 环境：有毒气体释放、水污染；
- 企业声誉。

(2) 可操作性类问题

- 优化操作程序；
- 检测周期变化；
- 取样周期变化；
- 巡检频率变化；
- 质量问题、产量损失、工期延误。

(3) 图纸符合性问题

- 图号错误；
- 位号错误；
- 标注错误；
- 说明错误；
- 设计文件需进一步完善。

(4) 参考类

HAZOP分析中未发现剩余风险仍然超过企业的可接受标准，但是讨论的信息非常有价值，因此也不应遗漏，可以记录在HAZOP分析记录表格中，仅供信息参考。

- 重复出现的建议

建议措施可能会是专项的，或者是通用的。前者更为普遍些，但是在分析中，可能会在不同讨论中，重复提出相同的建议措施。

所有重复出现的建议措施都应该记录在HAZOP分析记录表中，可以通过链接的形式来表达，也可以在记录后标注为“重复”，或“同建议项×××”。

- 建议措施的记录

任何建议措施的表述必须与分析过程有相关性，内容清楚、毫不模糊。建议措施的责任方可能并未参加会议，如果存在对记录内容的误解，就会浪费时间和精力。

- 建议措施的阶段性确认

对偏离发生的原因和后果进行分析并提出建议后，最有效的方法是在一个阶段(当天，这一个节点)会议结束后，除指定的行动方案外，每一个小组成员还必须得到一份会议记录以便尽快检查。

- 建议措施的分类汇总

所有涉及操作规程(SOP)及修改操作规程的建议可以汇总为一个建议文档，所有涉及P&ID和其他技术图纸的校正/修改的建议可以汇总为另一个建议文档，以便复查或实施。也可以只编制一个包含所有建议措施的汇总表。采用哪种形式并不重要，主要是要便于工作与建议措施的跟踪完成。

所给出的建议措施应该是包含足够信息，并且清晰，容易理解。参见表2.10。

表2.10 建议措施的效果对比

“不好”的建议措施	“好的”建议措施
增加一个压力指示器	为了便于操作工监测，在容器V-101北侧增加一个现场过程指示仪表(PI)
确认安全阀的口径	依据规范API RP520，检验安装在容器V-102的安全阀PSV-11的尺寸是否符合火灾条件
分析振动问题	在两个月内，对管线6-3W-1243进行振动计算（泵P-201启动时）
检查储罐的溢流液位	在操作规程X-123中增加：每日检查储罐T-105的液位，并确认溢流液位是否在该罐罐容的75%
增加本单元的维护	修正发动机QM-350A和B的维护规程Q-50，将每两个月更换润滑油过滤器一次改为每个月更换一次
确定泄压的必要性	依照API 521，评估容器V-501火灾工况时进行泄压的必要性
检查阀门是否关闭失效	(每次装置大修时)检查当执行机构停电时，紧急切断阀V-5是否有效关闭

所给出的建议措施还应该是可操作的(可信的、有效的及可执行的)，如：

- 安全措施应与所分析的偏离、原因、后果有关，才成为有效的安全措施；

• 如果一个措施无法证明能够有效地试验/维护/检查/测试，则不列为有效的安全措施；

• 一个安全措施如果与这一事故剧情的原因相关，则不列为安全措施；如 FIC 流量控制失效，造成流量过高，FIC 上的 FAH 流量高报警则不是有效安全措施；

• 热膨胀阀(TRV)可能不是高温这一偏离的有效措施(TRV 往往是停车，或关断后防止热膨胀超压的措施)；

• 如果安全阀(PSV)对于所分析的事故剧情来说口径太小、背压过高、不能有效校验，则 PSV 不能作为有效的安全措施；

• 安全阀有时是防止超压的安全措施，但却不是反应失控的安全措施(应进一步分析 PSV 的口径、设定点、校验要求等)；

• 止回阀往往不能简单认为是逆流的有效安全措施，止回阀也会有故障，应进一步分析止回阀的形式、管线的压差，以及其他关断措施；

报警应在确认其有效之后，才可以被认为是有效的安全措施。工艺参数转化为操作人员可以认知的信号之后，操作人员还需要有发现、决策、执行的三个阶段，工艺流程也需要时间对操作人员的干预做出反应。因此报警的设定值、报警的形式、报警所提示操作人员应做的反应等、报警发生到流程参数超出控制的时间等，都是评估报警有效性的必要内容。

2.7　HAZOP 分析文档跟踪

HAZOP 分析的主要优势在于它是一种系统、规范且文档化的方法。为从 HAZOP 分析中得到最大收益，应做好分析结果记录、形成文档并做好后续管理跟踪。HAZOP 分析主席负责确保每次会议均有适当的记录并形成文件。会议过程中由记录员负责记录工作。记录员应了解与 HAZOP 分析主题相关的技术知识，具备语言才能、良好的听力与关注细节的能力。

2.7.1　HAZOP 分析表

分析记录是 HAZOP 分析的一个重要组成部分，负责会议记录的人员应根据分析讨论过程提炼出恰当的结果，记录所有重要的信息。通常 HAZOP 分析会议采用表格形式记录，表格示例如表 2.11 所示。不同项目或公司在开展 HAZOP 分析时，采用的记录表格通常存在些许差异，这并不影响 HAZOP 分析工作的开展。无论采用什么形式的记录表格，重要的是确保记录下所有必要的信息。此外，有些项目或公司要求在分析过程中识别各个事故剧情的风险程度，在记录表中增加填写风险等级的列。

表 2.11　HAZOP 分析记录表(一)

公司名称		装置名称		日期	
工艺单元		分析组成员		图纸号	
节点编号					
节点名称					
节点设计意图					

表 2.11 HAZOP 分析记录表(二)

序号	引导词与参数	偏离	原因	后果	现有安全措施	*S*	*L*	*RR*	建议编号	建议类别	建议	负责人

注：*S* 表示严重度，*L* 表示可能性，*RR* 表示风险等级。

从本质上说，HAZOP 分析用于工艺过程危险识别，这就决定了其内涵是一致的，但从分析结果的表现形式上，HAZOP 分析可以分为以下四种方法：

(1) 原因到原因分析法(CBC)

在原因到原因的方法中，原因、后果、现有安全措施、建议之间有准确的对应关系。分析组可以找出某一偏离的各种原因，每种原因对应着某个(或几个)后果及其相应的现有安全措施。特点：分析准确，减少歧义。如表 2.12 所示。

表 2.12 原因到原因的 HAZOP 分析表

偏离	原因	后果	现有安全措施	建议
偏离 1	原因 1	后果 1 后果 2	现有安全措施 1 现有安全措施 2 现有安全措施 3	不需要
	原因 2	后果 1	现有安全措施 1	建议 1
	原因 3	后果 2	无	建议 2

(2) 偏离到偏离分析法(DBD)

在偏离到偏离的方法中，所有的原因、后果、现有安全措施、建议都与一个特定的偏离联系在一起，但该偏离下单个的原因、后果、现有安全措施之间没有关系。因此，对某个偏离所列出的所有原因并不一定产生所列出的所有后果，即某偏离的原因/后果/现有安全措施之间没有对应关系。用 DBD 方法得到的 HAZOP 分析文件表需要阅读者自己推断原因、后果、现有安全措施及建议之间的关系。特点：省时、文件简短。如表 2.13 所示。

表 2.13 偏离到偏离的 HAZOP 分析表

偏离	原因	后果	现在安全措施	建议
偏离 1	原因 1 原因 2 原因 3	后果 1 后果 2	现在安全措施 1 现在安全措施 2 现在安全措施 3	建议 1 建议 2

(3) 只有异常情况的 HAZOP 分析表

在这种方法中，表中包含那些分析团队认为原因可靠、后果严重的偏离。优点是分析时间及表格长度大大缩短，缺点是分析不完整。

(4) 只有建议的 HAZOP 分析表

只记录分析团队作出的提高安全的建议，这些建议可供风险管理决策使用。这种方法能最大地减少 HAZOP 分析文件的长度，节省大量时间，但无法显示分析的质量。

在确定采用哪种方法时，应考虑以下因素：

- 法规要求；
- 合同要求；
- 用户政策；
- 跟踪和审核需要；
- 所关注系统的风险等级；
- 可用的时间和资源。

2.7.2 HAZOP 分析报告

HAZOP 分析报告一般包括以下部分：

(1) 封面，包括编制人、编制日期、版次等；

(2) 目录；

(3) 正文，至少包括以下内容：

- 项目概述；
- 工艺描述；
- HAZOP 分析程序；
- HAZOP 分析团队人员信息；
- 分析范围、分析目标和节点划分；
- 风险可接受标准；
- 总体性建议；
- 建议措施说明。

(4) 附件，至少包括以下内容：

- 带有节点划分的 P&ID；
- 建议措施汇总表；
- 技术资料清单；
- HAZOP 分析记录表。

HAZOP 分析报告编制完成后，还应注意检查是否包含以下内容：

- 识别出的危险与可操作性问题的详情，以及相应的保护措施的细节；
- 如果有必要，对需要采取不同技术进行深入研究的设计问题提出建议；
- 对分析期间所发现的不确定情况的处理行动；
- 基于分析团队具有的系统相关知识，对发现的问题提出的建议措施(若在分析范围内)；
- 对操作和维护程序中需要阐述的关键点的提示性记录；
- 参加每次会议的 HAZOP 分析团队成员名单；
- 所有分析节点的清单以及排除系统某部分的基本原因；
- HAZOP 分析团队使用的所有图纸、说明书、数据表和报告等清单(包括引用的版本号)。

HAZOP 分析的报告初稿完成后，应分发给 HAZOP 分析团队成员审阅，HAZOP 分析主席根据团队成员反馈意见进行修改。修改完毕，经所有团队成员签字确认后，提交给项目委托方、后续行动/建议的负责人及其他相关人员。

对于一个比较简单的化工过程，HAZOP 分析后制作报告的时间需要 2~6 天；对于一个比较复杂的化工过程，HAZOP 分析后制作报告的时间需要 2~6 个星期左右。如果使用 HAZOP 分析计算机软件，一般会节省一些制作报告的时间。

最终报告副本提交给哪些人员取决于公司的内部政策或规章要求，但一般应包括项目经理、HAZOP 分析主席以及后续行动/建议的负责人。

2.7.3 文档签署

HAZOP 分析结束时，应生成 HAZOP 分析报告并经 HAZOP 分析团队成员一致同意。若不能达成一致意见，应记录原因。

2.7.4 后续跟踪和职责

完成了 HAZOP 分析和相关的文档工作，仅仅是完成了 HAZOP 分析项目一半的工作。只有 HAZOP 分析的后续跟踪落实工作完成了，才标志着 HAZOP 分析项目的完成，才能体现 HAZOP 分析工作的价值。

严格上讲，后续跟踪的工作并不属于 HAZOP 分析团队的工作范畴(HAZOP 分析的工作范围通常止于正式分析报告的提交)。HAZOP 分析主席没有权限确保 HAZOP 分析团队的建议能得到执行，有权限的是所分析项目的项目经理和企业管理层。

项目委托方应对 HAZOP 分析报告中提出的建议措施进行进一步的评估，并及时做出书面回复。对每条具体建议措施选择可采用完全接受、修改后接受或拒绝接受的形式。如果修改后接受或拒绝接受建议，或采取另一种解决方案、改变建议预定完成日期等，应形成文件并备案。

出现以下条件之一，可以拒绝接受建议：

- 建议所依据的资料是错误的；
- 建议不利于保护环境、保护员工和承包商的安全和健康；
- 另有更有效、更经济的方法可供选择；
- 建议在技术上是不可行的。

HAZOP 分析的目的并非要对系统进行重新设计。通常，HAZOP 分析主席没有权限确保 HAZOP 分析团队的建议能得到执行。

在某些情况下，项目经理可授权 HAZOP 分析团队执行建议并开展设计变更。在这种情况下，可要求 HAZOP 分析团队完成以下额外工作：

- 在关键问题上达成一致意见，以修订设计或操作和维护程序；
- 核实将进行的修订和变更，并向项目管理人员通报，申请批准。

在落实 HAZOP 分析的建议措施过程中，可能会发生工艺过程或设备的变更，那么就要根据企业的变更管理制度，启动变更管理程序。项目经理应考虑再召集原 HAZOP 分析团队或另外一个 HAZOP 分析团队针对变更再次分析，以确保不会出现新的危险与可操作性问题或维护问题。

值得注意的是，很多化工事故就是由于 HAZOP 分析的建议措施迟迟得不到落实造成的。因此，要强化 HAZOP 分析建议措施的跟踪管理。

2.7.5 HAZOP 分析的关闭

在 HAZOP 分析完成后，由项目经理等负责完成如下关闭任务：

- 向建议措施的负责人追踪每一条建议措施的落实情况、关闭状态；
- 召开 HAZOP 分析建议措施的关闭会议，对照更新后的 P&ID 和其他文件，逐条进行验证；
- 全部建议关闭后，签署终版的 HAZOP 分析报告，终版的 HAZOP 分析报告一般应经业主书面认可，该项工作正式结束；
- 保留记录。要根据项目要求对 HAZOP 分析报告和审查用的 P&ID 等资料进行归档保存。

在这里，笔者建议把 HAZOP 分析建议措施的关闭率作为一个过程安全管理的前瞻性指标。

2.8 HAZOP 分析审核

HAZOP 分析的程序和分析结果可接受监管部门或公司内部的审核。事实上，审核也是企业过程安全管理的一个要素。审核的标准和事项应在公司的程序中列明，其中包括：人员、程序、准备工作、记录文档和跟踪情况。审核还应包括对技术方面的全面检查，具体包括：

(1) 对照 P&ID，审查 HAZOP 分析报告中是否分析了所有的设备。

(2) 查看设计意图描述和其他工艺安全信息，审查 HAZOP 分析报告是否分析到了相关的潜在危害。例如：如果在设计意图描述中谈到了该过程使用了高压氢，那么这就是一个线索，需要审查 HAZOP 分析报告是否分析了高压氢相关的风险。

(3) 审查 HAZOP 分析报告，确认 HAZOP 分析团队是否识别出了每个危险剧情的初始原因。

(4) 根据公司以往的事故报告或未遂事故报告，以及审查人员掌握的同类装置的事故报告，审查 HAZOP 分析报告是否考虑了这些事故。

(5) 审查 HAZOP 分析给出的建议措施是否能够起到真正降低风险的作用？

(6) 审查 HAZOP 分析报告是否包括那些能够证明企业定期检查、测试、维护安全保护措施的信息。

(7) 审查 HAZOP 分析报告中的后果是否为最糟糕的后果。

(8) 审查 HAZOP 分析报告是否考虑了工厂内设备布置和人员分布，是否考虑了爆炸冲击波、化学品泄漏对人的危害。确保现场有人工作的场所处于安全区域。

(9) 审查 HAZOP 分析报告是否考虑了人员的误操作。

(10) 审查 HAZOP 分析报告是否对识别出的隐患按风险的大小进行了分类。

(11) 审查 HAZOP 分析团队的成员中是否至少有一位操作专家，至少有一位设计专家或工艺专家。

(12) 审查 HAZOP 分析团队的成员中是否至少有一位就在被分析的化工装置中工作。

(13) 审查 HAZOP 分析主席的资格，确认其是否具有丰富的同类化工装置的 HAZOP 分析主席经验。

(14) 审查企业是否已经建立了有关落实 HAZOP 分析建议措施的管理制度。

(15) 审查企业是否及时落实了 HAZOP 分析的建议措施，并实地考察有关设施。

审查之后，审查人员要及时完成审查报告，把发现的问题及时反馈给企业的管理层，并监督企业对审查出来的问题及时整改。

2.9 某中试装置 HAZOP 分析案例

本案例选自《安全评价方法指南》(CCPS，2008)，个别内容进行了删改。案例工艺过程属于尚未建成的中试装置，潜在的危险隐患比较多，可能更适合于设计阶段和从未实施过 HAZOP 分析的在役工厂。案例给出了 HAZOP 分析团队会议的讨论发言记录，有助于读者深入理解 HAZOP 分析方法的精髓。考虑到我国化工企业的国情，还应当具体问题具体分析，案例内容仅供参考。案例中计量单位保留英制。

2.9.1 HAZOP 分析对象

(1) 背景

本案例 HAZOP 分析对象是一个已开展了一年的氯乙烯(VCM)风险投资项目，简化的部分 P&ID 如图 2.4 所示。工程上设计了一套氯乙烯中试装置，用于生产二氯乙烷(EDC)和 VCM。该公司计划每次仅运行中试装置几天时间，在这几天时间里，装置工程师在可控条件下改变不同工艺参数(例如进料率、炉温等)，并对 EDC 和 VCM 进行取样分析，以优化工艺性能并发现可能出现的生产问题。VCM 生产过程中的副产物及废气送入焚烧炉进行焚烧处理。

该公司将在某地区建造该中试装置，世界级规模的 VCM 生产厂都将在此建设。该公司想现在就着手让社区居民和工厂员工能够适应这个新项目。此外，尽管该中试装置的运行主要依靠该公司工程技术开发中心的工程师和化学师，但该地区其他工厂的操作人员也可协助中试装置的操作运行。因此，该中试装置也可为其他世界级规模 VCM 生产厂的操作人员提供一些培训。

该公司化工与 VCM 项目组要求中试装置在开车前要进行危险评估。以前进行的危险评估已经为保证和提高 VCM 过程安全提供了很多有用的信息。项目组认为再进行另外一些类似这样的评估也很有必要，并肯定会卓有成效。此外，项目组希望通过采用合适的危险评估技术，确保有效减少中试装置操作阶段的事故。因为，在此阶段，任何一起重大事故都会给社会造成负面影响，从而影响项目进度。因此，该公司当务之急要向社区居民、员工和承包商证明这个中试装置是可以安全运行的。

(2) 可用的资源

过去的一年，该公司获得了大量有关 VCM 的知识与实验室经验。该公司从事这个项目的工程师和化学师非常熟悉 VCM 生产过程中的各种危险。此外，该公司收集了大量 VCM 工艺的信息资料。以下资料可用于中试装置的危险评估：

- 工艺流程图(PFD)，包括操作参数及上下限；
- 管道仪表流程图(P&ID)；
- 机械完整性数据，如：施工材料和泄放系统设计；

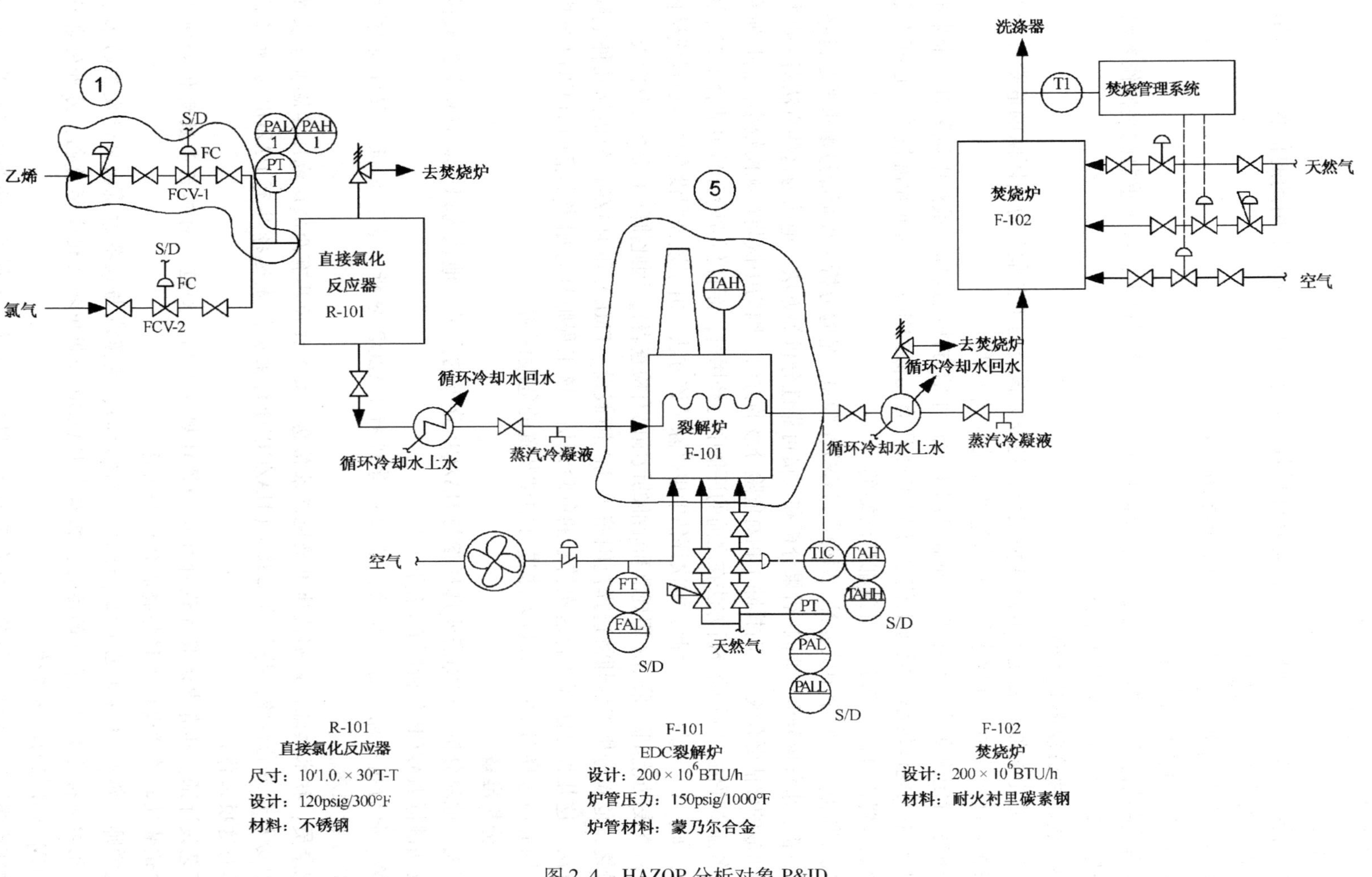

图 2.4　HAZOP 分析对象 P&ID

- 实验室的实验报告和经验；
- 装置平面图和设备布置图；
- 先前的故障假设分析和预危险分析报告(以及在这些分析中用到的信息——MSDS、实验报告、有关 VCM 文献等)；
- 现有的操作程序(裂解炉和焚烧炉的开车程序)；
- 主要部件的设计规格。

所有这些信息资料都可用在这次危险评估中。在这些资料中，最为重要的是操作参数及其上下限，以及一套准确的 P&ID。

(3) 危险评估技术的选择

项目组的化学师负责此次危险评估项目，他委派该公司工艺危险分析团队的危险分析工程师来领导这次评估，并要求他选择合适的危险评估方法。

中试装置定义明确，有足够的细节可用于危险评估方法的选择。虽然中试装置与未来的 VCM 工厂相比规模较小，但在工艺上与 VCM 工厂有相似的压力、温度和流量等，这些参数作为中试装置设计的一部分，目前都是已知的。

本次评估将检查整个中试装置，以确定过程安全隐患。危险分析工程师经过慎重考虑排除了故障树分析、事件树分析、原因-后果分析和人员可靠性分析等方法。他认为这些方法对一些特定类型事故的评估更有效。同时排除了相对危险分级的方法，因为中试装置规模较小，而且所有主要设备都要评估。预危险分析方法在之前的评估中已经用过，而且预危险分析更适合审查宽泛的问题，如：工厂选址等。因此，本次评估中也排除了该方法。由于该公司没有这类装置或材料的综合检查表(虽然部分采用适用规范和标准的设施已有检查表)，因此排除了检查表分析法。

最终，危险分析工程师将选择范围缩小到故障假设、FMEA 和 HAZOP 分析这几种危险评估方法。这几种方法都适合这次特定的危险评估。该工程师具有相当丰富的 HAZOP 分析经验，因此他选择 HAZOP 分析方法进行中试装置的危险评估。

(4) 分析准备

首先，危险分析工程师需要选择参与 HAZOP 分析的人员。他认为以下具有相关经验的人是成功进行 HAZOP 分析所必需的。

HAZOP 分析主席：富有经验，能够引导进行 HAZOP 分析。危险分析工程师将作为 HAZOP 分析主席。

记录员：技术熟练，能够快速准确地记录信息。某工程师具有两次该地区其他氯气装置 HAZOP 分析记录的经验，将作为记录员(HAZOP 分析主席优先选择具有 HAZOP 分析经验的人参与这项工作)。

工艺设计师：具有中试装置设计知识和设计规范基础，知道其对工艺参数变化如何响应。中试装置的首席设计工程师将担任这个角色。

化学师：熟悉 VCM 工艺中化学进料、中间产品、废蒸汽与设备材质间可能发生的化学反应。化学师将负责中试装置的运行，在本次 HAZOP 分析中担任化学师角色，另外他也负责与 VCM 项目组的联络工作。

操作代表：富有经验，清楚操作人员怎样发现工艺波动及怎样处理这些异常情况。该公司还没有富有经验的 VCM 工艺操作工，因此，具有 10 年氯气装置操作经验的某操作人员将作为 HAZOP 分析团队中的操作代表。

仪表与控制工程师：熟悉装置的控制系统与停车策略，能帮助 HAZOP 分析团队成员理解中试装置对工艺偏离的响应。来自公司工程师办公室的自控工程师将担任这个角色。

安全专家：熟悉该地区装置安全和应急响应程序。安全工程师将作为安全专家，他也参加了之前的预危险分析。

环境专家：了解目前该地区装置运行的环境限制，以及装置运行对环境的潜在影响，环境工程师具有这样的基础，适合这个角色。

在 HAZOP 分析会议开始前，HAZOP 分析主席和工艺设计师将中试装置划分为若干部分，这些部分也叫做 HAZOP 分析"节点"。他们在 P&ID 上划分了约 13 个节点，用不同颜色对这些节点进行了标记，并将每一套标记过的 P&ID 分发给团队每一个成员。在划分节点时，主要考虑工艺条件、流体组成和设备功能发生的重大改变，以此进行节点划分。他们将中试装置划分为以下节点：

- 乙烯进料管线；
- 氯气进料管线；
- 直接氯化反应器；
- EDC 进裂解炉管线；
- 裂解炉；
- 空气进裂解炉管线；
- 裂解炉副燃烧器燃料气管线；
- 裂解炉燃料气总管；
- VCM 进焚烧炉管线；
- 焚烧炉；
- 空气进焚烧炉管线；
- 焚烧炉副燃烧器燃料气管线；
- 焚烧炉燃料气总管。

HAZOP 分析主席基于以往的经验，估计每个节点的 HAZOP 分析需要 4 小时，整个中试装置的 HAZOP 分析大约需要 6 天时间。

随后，HAZOP 分析主席向 HAZOP 分析团队每个成员都发送了 E-mail，告诉大家何时何地进行中试装置的 HAZOP 分析，并简要地说明了此次 HAZOP 分析的目的和目标。HAZOP 分析主席将中试装置的 PFD 图纸发送给了大家。考虑到团队的一些成员从来没有参加过 HAZOP 分析，邮件中还包括关于 HAZOP 分析方法的简要描述。同时，HAZOP 分析主席还列出了将要分析的节点以及每个节点的最初设计意图。最后，他提醒团队成员在会议时带一些对本次 HAZOP 分析有参考价值的信息资料。

为了充分准备本次分析会议，HAZOP 分析主席和记录员制定了空白的 HAZOP 分析表格，包括工艺节点的名称等。HAZOP 分析主席计划使用某软件公司 HAZOP 分析软件来建立 HAZOP 分析文档，因此表格被保存为电子文件。这些准备工作能够使 HAZOP 分析会议更有条不紊地进行。划分的节点并不是一成不变的，随着 HAZOP 分析的进行，HAZOP 分析主席应该依据分析情况，随时准备调整分析节点或增加新的节点。HAZOP 分析主席安排了一间会议室并配备投影仪，分析结果可以展示在大屏幕上，使所有的参与者都能够看到分析进程的记录。

2.9.2 HAZOP 分析描述

HAZOP 分析会议周一早上 8 点开始。会议开始之前，HAZOP 分析主席要求每个团队成员进行了自我介绍，包括自己的专长领域等。然后他介绍了接下来三天的日程安排，包括会间休息和午餐安排。同时，他告知 HAZOP 分析团队全体成员，每一天结束的时候可能会非常疲劳，鼓励大家顶住压力，按期完成分析(通常的 HAZOP 分析会议，HAZOP 分析主席安排每天只分析 4~6 小时，本次会议将超过三天。但是很多团队成员都来自城外，最多参加三天。而且，HAZOP 分析主席一般会组织 HAZOP 分析团队一起参观所分析的装置，但本中试装置还没有建造)。最后，HAZOP 分析主席重申了此次 HAZOP 分析的目标(识别中试装置所有有关安全和运行的问题)和此次评价的基本原则：

(1) 所有团队成员有平等发表观点的权利；

(2) 每个人都应该关注可能的潜在问题，而不是解决方案；

(3) 所有的工艺偏离都可以被分析。

HAZOP 分析会议开始前，HAZOP 分析主席与团队成员一起用 30 分钟回顾了 HAZOP 分析技术。他告诉整个 HAZOP 分析团队，分析采用“基于偏离”的分析方法，并且描述了这种方法。他会将团队的建议专门记录在一个活动挂图上(记录员也会将所有的建议记录在 HAZOP 分析软件中的 HAZOP 分析表格中)，确保所有的建议都被准确地记录。然后，HAZOP 分析主席请工艺设计师描述了整个设计、工艺流程和中试装置设备的运行情况。在回答了团队的一些简单的问题后，他们开始分析第一部分，与直接氯化反应器相连的乙烯进料管线。HAZOP 分析主席和工艺设计师已经将中试装置按照工艺物料在装置中的流程顺序进行了节点划分。

下面是分析讨论过程的一段摘录：

HAZOP 分析主席：乙烯进料管线的设计意图是在 100psi 和室温条件下将乙烯蒸气输送到直接氯化反应器(研发部门认为液态的乙烯/氯气反应难以控制，而且大规模试验的产量也比预期低很多，此外，之前的危险分析团队也建议使用氯气和气态乙烯，因为这样可以从更少的物料中获得更高的安全性，因此他们选择使用气态反应)。进料速率用流量控制阀调节，流量是 1100scfm。让我们使用 HAZOP 分析引导词来确定一系列需要分析的偏离。引导词是：“无、少、多、部分、伴随、相逆和异常”。得出的偏离是什么？

工艺设计师：将这些词应用到设计意图中去，将获得以下偏离：“无流量、流量过低、流量过高、压力过低或过高、温度过低或过高。

HAZOP 分析主席：好。那么引导词“相逆、异常、伴随或部分”呢？

工艺设计师：是的，引导词“相逆”会引导出一个偏离是“逆流”。引导词“异常”引导出的偏离是“乙烯异常”，这个需要考虑么？

HAZOP 分析主席：当然，非常好的偏离！记住我们的基本原则，所有的偏离都是可以考虑的对象，还有其他偏离吗？【长时间沉默】“压力反”，就是真空呢？

工艺设计师：只要有乙烯存在，就不会发生。常温下，乙烯的蒸气压很高，不会发生真空。但是我认为它是一个偏离。

HAZOP分析主席：有没有“伴随”和“部分”的偏离？【长时间沉默】

仪表控制师：乙烯和污染物是一个偏离。我不知道在乙烯中会有什么污染物。

HAZOP分析主席：当我们分析那个偏离的时候，我们会去定义污染物。还有其他的偏离吗？【没人回答】好，我们从第一个偏离开始，假设装置正常运行时，某个原因导致没有乙烯流动，会产生什么后果？

化学师：设计的工艺是在直接氯化反应器中消耗掉所有的氯气，如果乙烯被切断，那么纯净的氯气会通过裂解炉和焚烧炉，进入装置的洗涤器。

HAZOP分析主席：所以潜在的影响是什么？

化学师：短时间洗涤器可以承受，但最终将会耗尽缓蚀剂，氯气会从洗涤器中泄漏。另外，大量的氯气流或许会毁坏裂解炉炉管。我不了解炉管对氯气的金属性能，所以很难讲。

HAZOP分析主席：好，所以我们的后果是潜在的氯气泄漏和裂解炉炉管的损坏。如果一个裂解炉炉管破裂，那么在这个区域会有氯气泄漏，对吗？【点头同意】那么可能造成没有乙烯流量的原因是什么？

仪表控制师：从P&ID上看，我想压力控制阀故障关闭，或者流量控制阀(FCV-I)故障关闭都是可能的原因。

工艺设计师：乙烯上游供料出现问题也会导致这个问题。

HAZOP分析主席：还有其他的吗？安全措施有什吗？

操作代表：P&ID上显示压力传感器在反应器的供料管线上，有一个低压报警(PAL-I)和一个保护系统，当供给的乙烯压力过小时，保护系统会关闭氯气。此外，从图上我们看不到装置的氯气洗涤器设有检测氯气泄漏的报警。

HAZOP分析主席：记录员请记录下，让某个人去确认这个报警存在并且正常工作。

记录员：好的。是否需要检查裂解炉炉管对现有纯氯气量的金属性能？

HAZOP分析主席：对，说的很好，请记录下。还有其他安全措施吗？

工艺设计师：我们计划在运行过程中30分钟取样1次。我们会看看氯气在这些样品中的含量。

化学师：如果是纯氯气，操作工在取样过程中会有危险吗？

工艺设计师：应该没有，他们在取样过程中被要求佩戴合适的个人防护用具，包括防毒面具。

安全师：等一下，我们装置使用的防毒面具可能不适用于如此高浓度的氯气。我们建议当取样的时候应该使用新鲜空气型防毒面具。我们也应该就取样过程中的高浓度氯气检测和应急处理对操作人员进行培训。

HAZOP分析主席：还有其他的安全措施吗？

工艺设计师：我在观察这个低压报警器(PAL-I)，我不确定它会在没有乙烯流量时报警。看起来仅仅是氯气就足以保持足够的压力使这个报警器在乙烯无流量时也不报警。不管怎样，我建议找人去看看这个报警器，并且确认这个报警器设定了合适的压力。

HAZOP 分析主席：仪表控制师，你怎么想。

仪表控制师：我赞成，我们应该检查它的设定值。

HAZOP 分析主席：还有其他建议吗？

环境工程师：或许我们也应该考虑一下在炉体上安装氯气检测器，或者在工艺管线上安装气相色谱来检测高浓度氯气。

HAZOP 分析主席：好主意，我们不用设计一个具体的解决方案，我们仅仅需要注意我们应该在焚烧炉的下游找出一些方法来检测出高浓度的氯气。还有其他建议吗？【没人有建议了】好的，这些措施足够应对无乙烯进料这个偏离了，乙烯进料管线的其他偏离是什么？

工艺工程师：等一下，我还有一个建议，我们应该检查高浓度的氯气是否会损坏洗涤器。

记录员：我来解决。你的建议是检查高浓度的氯气对洗涤器的影响。你是在担心氯气腐蚀穿透洗涤器和高浓度氯气反应损坏洗涤器吗？

工艺工程师：两者都有，但是主要是后者。

HAZOP 分析主席：好，下一个偏离是什么？

操作代表：根据我们最初制定的这个偏离列表，是乙烯的“低流量”。

HAZOP 分析主席：乙烯的“低流量”所带来的后果是什么？

工艺设计师：和无乙烯进料量的情形基本一样，潜在的腐蚀洗涤器导致氯气泄漏和对裂解炉炉管可能造成的破坏。

HAZOP 分析主席：造成这种情形的原因是什么？

操作代表：乙烯压力调节器故障关小，流量控制阀故障关小，和低进料压力。另外，装置停电也会造成无乙烯进料，因为装置停电，阀门会故障关。

HAZOP 分析主席：有什么保护措施？

工艺设计师：和前面偏离的一样。【工艺设计师又重复了一遍安全措施，其他人都同意】

HAZOP 分析主席：有建议措施吗？【没人有建议了】下一个偏离是“高流量”，有什么后果？

化学师：充足的乙烯在直接氯化反应器中反应。乙烯流量过高意味着我们浪费了过多的乙烯，但我不认为会有什么安全问题。

HAZOP 分析主席：焚烧炉能够处理过高流量的乙烯吗？

工艺设计师：我检查了焚烧炉设计说明书。应该没问题。焚烧炉可以处理最大可能的乙烯流量。

HAZOP 分析主席：我们继续下一个偏离：“逆流”。有什么后果？

工艺设计师：当然，那会污染进料管线。那将造成很大的财产损失。而且没有人知道氯气和 EDC 会在管线中逆流到什么位置。这肯定将是一个安全问题。举例来说，另一个处在下游的使用人员可能会接触到氯气并可能发生爆炸。或者氯气可能与其他反应过程中水混合，腐蚀管线，造成泄漏。会后我们会更加详细的研究这个问题。

HAZOP 分析主席：造成这个偏离的原因是什么？

操作代表：乙烯进料压力过低，或者反应器压力过高。

HAZOP 分析主席：还有其他原因吗？【没人回答】保护措施有什么？

工艺设计师：还是在进料管线上设有压力报警和紧急切断系统（PAL/H-I）。并且乙烯的进料压力非常高，这些可以防止逆流。实际上，反应器的安全阀应该可以在反应器将物料压回乙烯进料管线之前启跳。此外，乙烯进料压力过低，及因此导致的乙烯流量过低，操作人员应该可以很容易的检测到这个问题，并且在逆流发生之前将乙烯的进料关闭。

仪表控制师：压力报警不能表明逆流，并且不应该视为保护措施。但操作人员的控制干预是个好的安全措施。

HAZOP 分析主席：我赞成。还有其他保护措施吗？【暂停一下】其他行动呢？【暂停一下】仪表控制师，你还有其他建议吗？

仪表控制师：我们想在乙烯进料管线上安装一个止回阀。

HAZOP 分析主席：好。

记录员：这是建议措施吗？

HAZOP 分析主席：是的，还有其他建议吗？

讨论进行了一天，基于上述讨论，HAZOP 分析主席决定先分析所有高的偏离，然后分析所有低的偏离，等等。他发现团队在一个偏离的类型中花费了过多的时间坚持彻底地找出原因。接下来是第二天的讨论中的一部分简要的摘录。

HAZOP 分析主席：咱们下面进行第 5 部分：裂解炉。工艺设计师，你能给我们就裂解炉有关操作做一个快速的介绍吗？

工艺设计师：裂解炉的设计意图是将二氯乙烷加热到 900℉，然后将其化学键打开形成氯乙烯。裂解炉温度越高，化学键的断裂打开过程越完全，生成的副产物越多。我们将调整温度来寻找到最合适的温度。总之，裂解炉是由出料口的 TIC 阀门控制燃料气来加热。出料温度超高将关闭 TIC 阀门，同时与直接氯化反应器相连的进料阀门也将关闭。燃料气压力超低或者非常低的空气流量也会使阀门这样动作，装置跳车。我们也在裂解炉炉管中设置了一个配有高温报警的热电偶，但不会关闭阀门。

HAZOP 分析主席：第一个偏离是二氯乙烷流量过高，是什么原因导致？

操作代表：好的，正如我们之前所说，乙烯或氯气流量大将提高系统流入量，乙烯或氯气进料流量控制阀由于故障打开是一个原因。

HAZOP 分析主席：让我们注意一下，其实这就是截止到我们之前讨论过的直接氯化反应器压力高（例如上游设备的高压力导致进裂解炉 EDC 高流量）。记录员，记录下了吗？【点头同意】还有其他的原因吗？【现场安静】好的，那么导致的后果是什么？

化学师：如我们昨天所说的，通过裂解炉的 EDC 流量过高，如果裂解炉燃烧不完全会导致 EDC 转化率过低，并且如果大量 EDC 进入焚烧炉中，可能会导致 EDC 泄漏到环境中，如果裂解炉燃烧不完全，也会导致工艺物料温度过低。

HAZOP 分析主席：有没有保护措施？【没有回答】有什么建议措施？

安全师：我想我们应该确定焚烧炉能力是否满足 EDC 转化率低时 EDC 的燃烧处理要求。或许我们应该安装 EDC 监测。

环境工程师：我们的装置通常只运行如此短的时间，从环境影响角度讲 EDC 流量监测并不是必须设置的。

仪表控制师：TIC 报警能显示运行异常。此外，无论 EDC 流量怎么高，焚烧炉都能处理。

HAZOP 分析主席：好，我们暂停一下，我们从设计上考虑了解决方案，现在我们从工程措施角度考虑这是否是个问题，并想办法解决这个问题，有什么建议措施？下一个偏离是燃料气流量高。

操作代表：燃料气流量控制阀故障开大会导致燃料气流量高。这可能是 TIC 的热电偶故障(错误的低流量信号)导致的。

安全师：燃料气供应压力高会导致工艺过程温度高。

工艺设计师：不可能发生，工艺过程温度过高，TIC 控制会降低燃料气流量，此外，如果燃料气流量控制阀开度过大，温度高报 TAH 将会超高报警。

HAZOP 分析主席：请稍等，我们来看看这些原因，现在我们假设针对这些原因和后果的保护措施都失效，还有其他的原因吗？【没有】在这种情况下，燃料气控制阀故障开大的后果是什么？

工艺设计师：如果我们不能很快做出响应，炉管可能被烧坏，造成火灾，即使不会烧坏炉管，也可能发生局部过热而使副产品堵塞炉管，并造成安全阀启跳。我觉得这也可能导致火焰升高，脱离燃烧器并熄灭，这会引起爆炸。

HAZOP 分析主席：当温度高报警 TAH 和紧急停车不可用，如果 TIC 热电偶失效，会引起燃料气流量过高吗？

仪表控制师：是的，TIC 误指示偏低会导致这种情况。考虑安装独立的温度高高报警和裂解炉排放温度高停车。

HAZOP 分析主席：记录员，记下这个建议了吗？【点头，是的】还存在什么保护措施呢？

工艺设计师：刚才我们说过裂解炉出口设有温度高报及高高报，炉管表面设有温度高报。同时，炉管设计能承受很高温度，只要炉管内流体是流动的，炉管需要很长时间才能被烧坏。

HAZOP 分析主席：记录员，记下这些温度过高的保护措施，这些保护措施直接适用于这个偏离，并可参考前面分析的燃料气流量过高。

安全师：我们可设置一个区域的火焰监测，并建立一个训练有素应急响应团队。另外，你也可以在控制室切断氯气与乙烯进料。

操作代表：燃料气供料管线上的 TIC 控制是一个保护措施吗？

工艺设计师：是的，这是燃料气供气压力高的一个保护措施，但不是热电偶失效的保护措施。顺便问一下，燃料气流量控制阀能实现紧急切断吗？

安全师：通常类似这样的阀门无法实现这样的功能，我建议考虑增设燃料气管线高压报警和紧急切断阀。

HAZOP 分析会议就以这种形式进行，直到分析团队分析完他们能想到的裂解炉的每个工艺参数的所有偏离。然后，HAZOP 分析主席又领导团队对裂解炉开车操作程序进行了分析，在分析前，他首先要求工艺设计师审查了裂解炉的开车程序(表 2.14)。随后分析团队开始假设开车过程中的可能出现的偏离，并询问通常的HAZOP分析问题：偏离的原因、后果和保护措施是什么？保护措施足够吗？以下是部分HAZOP分析的简要摘录。

表2.14 裂解炉开车程序

步骤	行动内容
1	启动裂解炉鼓风机，炉膛置换10分钟
2	确认裂解炉副燃烧器被点燃(视觉观察)
3	确认焚烧炉正常运行
4	开始进乙烯，并通过裂解炉进入焚烧炉
5	裂解炉燃料管线通入燃料气(慢慢调节TIC至设定值)
6	确认主燃烧器点燃(工艺温度上升)

HAZOP分析主席：让我们从第1步的偏离开始。假设裂解炉吹扫时间“过长”(more)，会有什么后果？

安全师：我认为裂解炉吹扫时间过长除了浪费时间外，不会出现什么问题。【其他人都同意】

HAZOP分析主席：那吹扫时间“过短”(less)或“没有”(no)吹扫呢？

安全师：那可能会有问题，如果裂解炉内有可燃气积聚，可能发生爆炸。这里我们需要一个紧急切断阀防止可燃气泄漏到裂解炉。

HAZOP分析主席：记录员已经将这条保护措施作为建议记录下来，并且我们反复提到这条措施。现在我们回过来看原因是什么。

工艺设计师：可能鼓风机停机，或者烟道挡板故障关闭，也可能是鼓风机电力故障。

安全师：操作人员可能不经意的遗忘这些步骤。

HAZOP分析主席：还有其他原因吗？【没有动静】保护措施是什么？

安全师：空气管线上设有低流量报警并有机械限位装置保证空气最小流量，同时，若出现电力故障，所有阀门将跳至安全阀位。

工艺设计师：如果让我操作这个单元，我会在燃料气管线上采取安全措施，例如：设紧急切断阀，并且保持空气连续吹扫裂解炉。

HAZOP分析主席：这些都是好的建议，我们为什么不建议在工程上设计一套可检测的裂解炉吹扫系统呢？这个系统把你们的好建议都考虑进去。还有其他的建议措施吗？【没有动静】那么下个引导词，裂解炉开车第1步“异常”(other than)呢？

仪表控制师：这个偏离看起来和“没有”吹扫是相同的问题。【其他人都同意】

HAZOP分析主席：那么执行了“部分”第一步的偏离就可以理解为吹扫时间过短了？【团队成员点头同意】进行第2步时我们将使用“相反”(reverse)引导词查找偏离，还有一个引导词是“伴随”(as well as)，如果进行裂解炉开车第1步时，伴随着其他步骤的发生，会发生什么后果？

仪表控制师：进行第1步时伴随发生第2、3、4步看起来不会有什么问题，但是如果伴随着第5步的进行，看起来可能出现的后果与“没有”吹扫偏离导致的后果相同。

HAZOP分析主席：那什么原因导致的？

仪表控制师：操作人员的误操作。

HAZOP 分析主席：其他还有吗?【没有人提出】那么有什么保护措施?【没有人提出】建议措施呢?

仪表控制师：也许我们应该设置燃料气流量联锁，达不到 10 分钟吹扫则无法进燃料气。

HAZOP 分析主席：好的，记录员，记下了吗?【点头，是的】下一步是检查裂解炉副燃烧器被点燃。先看一下“过多”的检查或燃烧时间过长的后果是什么?

仪表控制师：我们希望副燃烧器一直是燃着的，因此，这不会有什么问题，对副燃烧器额外的检查更是好的做法。

HAZOP 分析主席：好的，其他偏离呢?没有或过少的检查或燃烧会有什么后果?

安全师：如果副燃烧器无论如何都是点燃的，那就不会出现问题。如果熄灭了，那么一旦可燃气积聚遇点火源则可能发生爆炸。

HAZOP 分析主席：副燃烧器熄灭的原因是什么?

操作代表：燃料气压力低；副燃烧器 PCV 阀故障关闭；操作人员不经意堵塞管线；燃料气压力过高吹灭副燃烧器。

HAZOP 分析主席：操作人员如果忘记检查副燃烧器并同时存在一些因素，可能导致一个重大安全问题——潜在的爆炸。有什么安全措施?

工艺设计师：燃料气供应管线设有高低压力报警和紧急切断。

安全师：我建议我们考虑安装火焰扫描和熄火停车。

记录员：我记下了。

HAZOP 分析主席：还有其他建议措施吗?

仪表控制师：我们可以考虑在副燃烧器管线上设高低压报警。

HAZOP 分析主席：很好的建议。还有其他吗?【没有】让我们分析“相反”的第二步这个偏离，就是说，执行次序错了。

操作代表：这取决于执行次序错到什么程度，如果首先检查副燃烧器，然后空气吹扫，则可能吹灭副燃烧器，可能发生前面我们分析过的问题。假设副燃烧器是熄灭的，如果操作人员在这种次序下检查的太晚，并且试图再次点燃副燃烧器，那么即使不造成死亡，也可能造成严重的人员伤害。

HAZOP 分析主席：有什么保护措施?

安全师：我认为我们应该在操作员工培训中强调作业程序的重要性。我们也需要训练操作员工务必在点裂解炉副燃烧器前要进行炉膛置换吹扫。实际上，我们应该编制一个裂解炉开车程序检查表。

HAZOP 分析就这样继续，直到中试装置所有偏离都被分析完。焚烧炉日常运行程序和紧急停工程序也会被分析。在每天分析的最后，HAZOP 分析主席都会回顾他记在活动挂图板中的建议措施，以确定建议措施被准确的记录并且不会遗漏。在 HAZOP 分析会议最后，他感谢了团队成员积极的参与，并会在接下的几个星期将 HAZOP 分析报告发给他们，要求他们对报告进行审查。

2.9.3 结果讨论

表2.15和表2.16给出了HAZOP分析结果示例。表2.15中列出了分析团队分析的裂解炉正常操作情况下的偏离，以及团队辨识出的偏离的原因、后果和保护措施。表格采用偏离到偏离(DBD，Deviation By Deviation)的形式，也就是对于一个特定的偏离，原因、后果和保护措施之间并不是一一对应的。表2.15列出了团队给出的建议措施的编号，其具体定义见表2.16。

表2.15 VCM中试装置HAZOP分析结果示例(偏离到偏离)

图纸号：VCM中试装置，版本0			团队成员：HAZOP分析主席、记录员、工艺设计师、化学师、操作代表、仪表与控制工程师、安全专家、环境专家		
会议时间：					
页码：56/124					
序号	偏离	原因①	后果②	保护措施	建议措施序号
5 裂解炉——VCM裂解炉(正常操作；使EDC在900°F，160psi下生成VCM，处理量1200 lb/h)					
5.1	EDC流量高	DC反应器压力高	(1) EDC转化率低。大量EDC进入焚烧炉，EDC可能泄漏到环境中。 (2) VCM裂解炉压力低(见5.8)		1
5.2	燃料气流量高	(1) FCV阀故障开大，燃料气供应压力高； (2) TIC故障(低流量信号)	潜在的爆炸，VCM裂解炉温度高，潜在的炉管损坏，如果炉管破裂，可能造成火灾。产品中副产品过量	过去15年中燃料气供应非常可靠，TIC控制气体输送	2，3，4
5.3	空气流量高	空气挡板故障全开，裂解炉炉体泄漏	(1) 裂解炉燃烧不完全。EDC转化率低。大量EDC进入焚烧炉，EDC可能泄漏到环境中。 (2) VCM裂解炉压力低(见5.8)	TIC控制气体输送，固定速度风扇	1
5.4	EDC流量低	(1) DC反应器压力低； (2) EDC采样连接(上游)未关； (3) EDC冷却器污染	(1) VCM裂解炉压力高(见5.7)； (2) EDC裂解过程中副产品产量高。潜在的炉管破坏，如果炉管破裂可能造成火灾； (3) EDC泄漏到环境中(见5.12)	EDC取样连接使用时操作员在场	5

续表

图纸号：VCM 中试装置，版本 0 会议时间： 页码：56/124			团队成员：HAZOP 分析主席、记录员、工艺设计师、化学师、操作代表、仪表与控制工程师、安全专家、环境专家		
序号	偏离	原因[①]	后果[②]	保护措施	建议措施序号
5.5	燃料气低流量	(1) FCV 阀故障关闭； (2) 燃料气供应压力低； (3) TIC 故障(高流量信号)	(1) EDC 转化率低。大量 EDC 进入焚烧炉，EDC 可能泄漏到环境中； (2) VCM 裂解炉压力低(见 5.8)	(1) 过去 15 年中燃料气供应非常可靠； (2) 燃料气供应管路压力低报警 PAL； (3) TIC 控制气体输送	1
5.6	空气流量低	(1) 空气挡板故障关； (2) 空气过滤器堵塞； (3) 空气鼓风机故障关	(1) VCM 裂解炉压力低(见 5.8)； (2) 裂解炉燃烧不完全。EDC 转化率低。可能造成裂解炉火焰熄灭，潜在的火灾或爆炸(裂解炉内空气积聚)； (3) 大量 EDC 进入焚烧炉，EDC 可能泄漏到环境中	(1) 空气挡板最小开度； (2) TIC 控制气体输送； (3) 空气低流量报警停车	1
5.7	温度高	(1) 燃料气流量高(见 5.2)； (2) EDC 流量低(见 5.4)。	(1) VCM 裂解炉炉管压力高(见 5.9)； (2) EDC 裂解过程中副产品产量高。潜在的炉管破坏，如果炉管破裂可能造成火灾。裂解炉破坏(见 5.12)	(1) 裂解炉炉管表面温度高报警； (2) 排放产物温度高报警和高高报警停车； (3) 裂解炉炉管设计可承受非常高的温度	3
5.8	温度低	(1) EDC 流量高(见 5.1)； (2) 空气流量高(见 5.3)； (3) 燃料气流量低(见 5.5)； (4) 空气流量低(见 5.6)	EDC 转化率低。大量 EDC 进入焚烧炉，EDC 可能泄漏到环境中		1
5.9	压力高		无重要安全后果。 温度高(见 5.7)		
5.10	压力低		无重要安全后果		
5.11	污染		无重要安全后果		

续表

图纸号：VCM 中试装置，版本 0			团队成员：HAZOP 分析主席、记录员、工艺设计师、化学师、操作代表、仪表与控制工程师、安全专家、环境专家		
会议时间：					
页码：56/124					
序号	偏离	原因①	后果②	保护措施	建议措施序号
5.12	炉管泄漏/破裂	(1) 污染； (2) 腐蚀； (3) 焊接质量差； (4) 燃料气流量高(见 5.2)； (5) EDC 流量低(见 5.4)； (6) 温度高(见 5.7)	裂解炉火灾，EDC 泄漏到环境中，潜在的重大设备破坏	(1) 裂解炉区域火灾监测； (2) 应急响应团队消防培训； (3) 乙烯和氯气供应远程切断； (4) 服役前炉管检查和焊接质量 X 射线检查； (5) 明年裂解炉运行时间短(几天)； (6) 污染轻微； (7) 炉管材质满足 EDC，氯气和乙烯要求	6
5.13	裂解炉壁泄漏/破裂		无重要安全后果		

注：①所有的原因不是所有后果产生的必要原因。②所有原因或后果不一定被所有保护措施阻止或减缓。

表 2.16 VCM 中试装置 HAZOP 分析行动(建议措施)示例

序号	考虑的行动(建议措施)	责任	状态
1	确定燃烧炉能力是否满足 EDC 转化率低时 EDC 的燃烧处理要求。考虑安装 EDC 监测(5.1，5.3，5.5，5.6，5.8)		
2	考虑燃料气高压报警和切断阀高压切断(5.2)		
3	考虑安装独立的温度高高报警和裂解炉排放温度高停车(5.2，5.7)		
4	考虑安装火焰扫描和熄火停车(5.2)		
5	考虑安装氯化反应器低压报警(5.4)		
6	验证对于所有裂解炉炉管有足够的质量保证方案		

以下是 HAZOP 分析中一些更为重要的发现：

- 对于中试装置的所有单元，应进行开车步骤的危险评估(团队发现裂解炉开车步骤中有潜在的致命事故情形)。
- 需要验证焚烧炉焚烧大量 EDC 的能力。
- 裂解炉控制和停车应更加自动化。
- 对于中试装置，应考虑独立的洗涤器(中试装置运行不正常可能导致氯气装置洗涤器跳车，从而影响氯气装置)。
- 需建立中试装置采样处理步骤(出于环境考虑)。
- 取样人员应根据所取样品的危险性和可能出现的标准步骤偏离佩戴个人防护用品。

报告由 HAZOP 分析主席编写。报告内容包括团队成员，职务，他们参加的会议，分析中用到的图纸和步骤，团队发现和建议的概述以及详细的 HAZOP 分析表格。在将 HAZOP

分析报告提交给化工与 VCM 项目组前，报告分发给团队成员审核。

2.9.4 后续跟踪

HAZOP 分析过程中，团队提出的一些问题无法立即解决。这些问题经常是一个部件的结构强度问题(例如：储罐能否承受全真空)、安全阀尺寸设计基础、仪表传感器范围。在会议期间，HAZOP 分析团队成员可联系有关人员解决这些问题。在提交 HAZOP 分析报告给化工与 VCM 项目组前，HAZOP 分析主席尝试获得会议期间未解决问题的答案。未解决问题作为后续跟踪需解决的发现列在了 HAZOP 分析报告中。

VCM 项目组评估 HAZOP 分析团队的所有发现和建议。大多数被接受，作为后续行动项。项目组将这些行动项按优先次序分为两类：一类是中试装置开车前必须执行的行动，一类是尽可能快执行的行动。项目组记录拒绝 HAZOP 分析团队一些建议的原因。这些原因和 HAZOP 分析报告一起作为 VCM 项目文件。

对于项目组接受的行动项，化学工程师负责后续跟踪。他负责指派合适的人员执行这些行动并报告结果。公司有一套计算机化跟踪系统，化学工程师可利用该系统跟踪行动执行状态。一般每月检查一次行动项状态。化学工程师在收到解决结果后对每一个解决方案添加描述。

2.9.5 结论和观察

本次 HAZOP 分析进行得非常好，主要是因为 HAZOP 分析主席是个非常好的团队领导，知识非常丰富。他使团队成员专注于相关的项目和设计方案。他鼓励团队成员参与讨论。

HAZOP 分析团队辨识安全、可操作性和环境问题。HAZOP 分析的范围越集中完成 HAZOP 分析所需的时间就越少，花费也越少(例如：仅检查安全问题)。但是，公司认为可操作性问题和环境问题在早期阶段的辨识将节省大量的花费。另外，辨识出的可操作性问题也可用于安全应用。因此，HAZOP 分析可使装置更加安全，运行更加平稳。

HAZOP 分析软件用于记录评估结果。这并不是必要的，但是 HAZOP 分析主席选择使用软件以节省 HAZOP 分析会议时间。HAZOP 分析主席概括了 HAZOP 分析团队对每一个偏离的评论，记录员输入电脑中。随着会议的进行，记录员将变得更加熟练。采用软件可帮助 HAZOP 分析主席更高效地准备 HAZOP 分析报告。在团队评估前，HAZOP 分析主席先评估和编辑 HAZOP 分析表格。但是，如果会议比较短或两次会议之间间隔时间比较长(如：每隔一天一次 HAZOP 分析会议)，HAZOP 分析主席将要求团队成员评估每天的表格。进行 HAZOP 分析所需的时间见表 2.17。

表 2.17 VCM 中试装置 HAZOP 分析人员所需时间

人员	准备时间/h	评估时间/h	记录时间/h
HAZOP 分析主席	32	40	20
记录员	8	40	16
团队成员*	4	40	2

*指每个团队人员平均。

2.9.6 原因到原因方法

原因到原因(CBC，Cause By Cause)的方法是一种更明确的基于剧情的 HAZOP 偏离分析和记录的方法，更符合基于风险的剧情分析方法。采用原因到原因分析，表 2. 15 分析的结果表达形式将有所不同。是按照一次分析一个原因对应的所有后果，以及单一的初始原因/后果事件对偶对应的保护措施的方式表达。HAZOP 分析的识别内容和建议示例见表 2. 18，采用原因到原因的部分 HAZOP 分析结果见表 2. 19。注意，对于第一个初始原因，有三个不同的损失事件，每一个具有不同严重性的后果和初始原因/后果事件对偶对应着各自的保护措施。如果可能带来严重的商业或设备损坏影响，并且其在研究范围之内的话，非计划停车可作为第四个损失事件。HAZOP 分析原因到原因方法的部分会议讨论记录见表 2. 20。

表 2. 18　VCM 中试装置 HAZOP 分析建议项示例（原因到原因方法）

序号	建　议	责任	状态
1	确定乙烯压力低保护措施能否有效防止乙烯进入反应器的流量低，考虑氯气压力阻止报警和停车被激活		
2	检查裂解炉管材质在纯氯气蒸气存在情况下的有效性。如果有影响，确定在意识到裂解炉管损坏前，2 次/h 的反应器取样能够防止乙烯流量低		
3	验证氯气装置洗涤器报警能够检测到损坏；更新 P&ID		
4	检查焚烧炉下游管线氯气流量高的检测方法		
5	考虑安装足够的独立于 BPCS 的乙烯进料压力或流量传感器		

表 2. 19　VCM 中试装置 HAZOP 分析结果示例（原因到原因方法）

<table>
<tr><td colspan="3">图纸号：VCM 中试装置，版本 0</td><td colspan="3" rowspan="3">团队成员：HAZOP 分析主席、记录员、工艺设计师、化学师、操作代表、仪表与控制工程师、安全专家、环境专家</td></tr>
<tr><td colspan="3">会议时间：</td></tr>
<tr><td colspan="3">页码：1/124</td></tr>
<tr><td>序号</td><td>偏离</td><td>原因①</td><td>后果②</td><td>保护措施</td><td>建议</td></tr>
<tr><td colspan="6">1 乙烯进料管线（提供 1100scfm 乙烯蒸气到 DC 反应器，100psig，环境温度）</td></tr>
<tr><td rowspan="3">1. 1. 1</td><td rowspan="8">乙烯无流量</td><td rowspan="3">FCV-1 故障关或误关</td><td>裂解炉中氯气未反应；可能导致炉管损坏</td><td>PT-1 低压报警；停车；在炉管损坏前通过 2 次/h 反应器取样检测乙烯流量低</td><td>1，2</td></tr>
<tr><td>裂解炉中氯气未反应；可能导致炉管损坏；热氯气蒸气泄漏</td><td>PT-1 低压报警；停车；在炉管损坏前通过 2 次/h 反应器取样检测乙烯流量低</td><td>1，2</td></tr>
<tr><td>未反应的氯气通过裂解炉和焚烧炉进入装置洗涤器；最终氯气泄漏</td><td>PT-1 低压报警，停车；2 次/h取样；洗涤器泄漏报警</td><td>1，3，4</td></tr>
<tr><td rowspan="3">1. 1. 2</td><td rowspan="3">PCV-1 故障关或误关</td><td>裂解炉中氯气未反应；可能导致炉管损坏</td><td>在炉管损坏前通过 2 次/h 反应器取样检测乙烯流量低</td><td>2，5</td></tr>
<tr><td>裂解炉中氯气未反应；可能导致炉管损坏；热氯气蒸气泄漏</td><td>在炉管损坏前通过 2 次/h 反应器取样检测乙烯流量低</td><td>2，5</td></tr>
<tr><td>未反应的氯气通过裂解炉和焚烧炉进入装置洗涤器；最终氯气泄漏</td><td>2 次/h 取样；洗涤器泄漏报警</td><td>3，4，5</td></tr>
<tr><td>1. 1. 3</td><td>乙烯供应无</td><td></td><td></td><td></td></tr>
<tr><td>1. 1. 4</td><td>乙烯进料线或连接失效</td><td></td><td></td><td></td></tr>
<tr><td colspan="6">……</td></tr>
</table>

表 2.20 HAZOP 分析原因到原因方法会议讨论过程摘录

HAZOP 分析主席	乙烯进料线用于向 DC 反应器供应乙烯蒸气，在 100psig 和环境温度下(R&D 确定液体乙烯/氯气反应难以控制，而且大尺度实验产率比预计的要低得多。预工艺危险分析团队也建议采用氯气和乙烯气体，因为更少的物料质量可增加安全性。因此，他们选择使用气相反应)，供料速率由流量控制阀 FCV-1 控制，为 1100scfm。让我们用 HAZOP 分析引导词和此设计意图来确定一系列偏离。引导词是："无、少、多、部分、伴随、相逆和异常"。偏离都有哪些
工艺设计师	将这些引导词和设计意图结合可得到："无流量、低流量、高流量、低压和高压、低温和高温"
HAZOP 分析主席	好的。相逆、异常、伴随和部分这些引导词呢
操作代表	对，还有"逆流"。"乙烯异常"我们需要考虑吗
HAZOP 分析主席	当然，非常好。记住我们的基本规则——任何偏离都应该被分析。还有其他偏离吗？(长时间停顿)压力相逆，也就是负压呢
工艺设计师	只要乙烯存在，负压就不会发生。在环境条件下，乙烯的压力足够高，不会产生负压。但是，我觉得它可以作为一个偏离
HAZOP 分析主席	"伴随"或"部分"呢？(长时间停顿)
仪表控制师	乙烯伴随污染是一个偏离。尽管我不知道乙烯中会有什么污染物
HAZOP 分析主席	当我们分析到这个偏离的时候我们会确定污染物。其他人还有建议的偏离吗？(无人回答)好的，让我们从第一个偏离开始。如果装置运行不正常，发生乙烯无流量会导致什么样的后果
化学师	工艺设计假设所有的氯气在直接氯化反应器中。如果切断乙烯，纯氯气将通过裂解炉和焚烧炉进入装置洗涤器中
HAZOP 分析主席	会导致什么潜在后果
化学师	洗涤器将处理一段时间的氯气。最终将耗尽缓蚀剂，氯气将过量。大量的氯气将破坏裂解炉管。我不知道炉管金属性能能否满足要求
HAZOP 分析主席	好的，那后果是潜在的氯气泄漏和可能的裂解炉破坏。如果炉管破裂，氯气将发生泄漏，对吗？(点头表示同意)好的，乙烯无流量的原因是什么
仪表控制师	从 P&ID 上看，压力控制阀关闭或流量控制阀 FCV-1 关闭会导致乙烯无流量
HAZOP 分析主席	非常好。我们逐个原因的来讨论已有的保护措施或者需要什么保护措施
仪表控制师	好的，最明显的无流量原因是 FCV-1 关闭
HAZOP 分析主席	好！现在有什么保护措施防止 FCV-1 被关闭，或流量减小
工艺设计师	工程设计表上显示这是一个故障关阀。这还是一个自动阀，操作人员一般不会动这个阀门。这减少了这个阀门被误关闭的可能性
操作代表	P&ID 显示在反应器进料管线上有压力传感器，有低压报警 PAL-1 和乙烯供应压力低时氯气切断。还有，虽然没有显示在 P&ID，但是我们有洗涤器氯气检测报警
HAZOP 分析主席	记录员，请记录下，让某个人去确认这个报警存在并且正常工作
记录员	好的。需要建议在纯氯气存在的条件下检查炉管金属性能吗
HAZOP 分析主席	是的。很好的建议。还有其他保护措施吗
工艺设计师	我们计划在运行期间每隔 30min 取一次样。我们将检查样品中氯气含量

续表

HAZOP 分析主席	对于潜在的后果，大家觉得这些措施够吗？（点头表示同意）好的，下一个原因是什么
化学师	压力控制阀 PCV 可能故障关闭，导致乙烯无流量
工艺设计师	是的，但是这个阀也是自动的，在这个剧情中我们有相同的阻止措施
仪表控制师	但是保护措施是不同的，因为低压力报警和停车控制回路使用相同的传感器。对于报警和停车系统，应该各安装一个独立的压力或流量传感器，以确保检测到乙烯供应量减少
HAZOP 分析主席	非常好。让我们确认一下阻止措施是与原因和后果相对应的。（讨论继续，记录员在众人注视下完成无流量剧情记录）
HAZOP 分析主席	大家都看到原因到原因分析是怎么进行的了吧？（点头表示同意）。无流量还有其他原因吗？（停顿）
工艺设计师	乙烯供应减少也会导致这个问题
HAZOP 分析主席	好的，已经有什么保护措施或需要什么保护措施防止乙烯供应减少
操作代表	操作人员通过 DCS 监控供应压力，每班三次检查就地压力表。管道公司将给我们预警。因此，没有警报就发生乙烯供料完全中断不太可能
HAZOP 分析主席	如果压力控制阀关闭保护措施也是一样的。都同意吗？（点头表示同意）乙烯无流量还有其他可信的原因吗
仪表控制师	如果维护工作后管线失效或有未关闭的地方呢
HAZOP 分析主席	如果管线有漏点会导致什么样的后果？漏点是否是由于维护工作后管线失效或有未关闭的地方造成的
工艺设计师	就管线这一部分会产生氯气或乙烯泄漏，这取决于此时的工艺情况。这会导致严重的氯气危险或造成乙烯爆炸
HAZOP 分析主席	好的。在这种情况下我们有什么保护措施，或者如何防止管线有漏点
工艺设计师	我们的管道按照适当的工程规范设计，可以防止任何形式的管道超压，可防止车辆撞击损坏，对管道日常检查。对于维护后管道，我们防止管线破裂的安全操作规程包含了检查的职责。如果发生事故，工艺区域有喷淋系统和固定式监测喷嘴，区域装备了可燃气体报警仪和氯气传感器，以检测可燃蒸气或氯气
HAZOP 分析主席	看上去我们有许多阻止和减缓措施。对于潜在后果这些措施足够吗？（点头表示同意）好的，无流量还有其他原因吗？（沉默） 好的，开始分析下一个偏离——低流量。控制点是 1100scfm，低流量表示乙烯流量低于 1100scfm

注：scfm 为英制流量单位，即标准立方英尺每分钟，$1Nm^3/min=35.315scfm$。

HAZOP 会议以这种形式继续，直到裂解炉每一个工艺参数所有偏离分析完毕。裂解炉开车操作模式下也采用同样方法进行分析。

2.9.7 风险评估

表 2.22 为 VCM 中试装置 HAZOP 分析结果的剧情风险估计示例。原因频率采用每年频率指数表示，例如表 2.21 中频率值-1 代表初始原因频率值为$10^{-1}/a$，或每 10 年发生 1 次。

三个损失事件(需要早期更换或维修的炉管破坏、炉管失效导致热氯气泄漏、氯气由洗涤器泄漏)有不同的影响(后果严重性)。第一个损失事件不在分析范围内，不进行进一步评估。第二个损失事件比第三个后果严重，等级分别为 4 和 3。注意，对于每一个剧情，现场人员的健康影响，现场外的公众影响和环境影响应当分别进行评估。

初始事件发生后，每一个保护措施防止损失事件发生所提供的风险降低的数量级记录在方框内。1 代表 1 个数量级的风险降低因子。如果某个保护措施不是初始事件的独立保护层，风险降低因子为 0。保护措施总的风险降低因子为每个保护措施的风险降低因子相加。因此，对于例子中的第二个剧情，剧情风险被两个独立保护层(PT-1 低压报警和切断，风险降低 1 个数量级；每小时 2 次的反应器取样检测乙烯流量减少，风险降低 2 个数量级)降低了 3 个数量级。

总的剧情频率 *SFreq* 为原因频率因子 *Freq* 与保护层总的风险降低因子相减。因此，对于表 2.21 中的第二个剧情，$SFreq=-1-([1]+[2])=-4$。这代表剧情频率为每年 10^{-4}，或者氯气泄漏的频率为 10000 年 1 次。

对于每一个剧情，剧情风险大小为后果和频率的组合。剧情风险大小可由风险矩阵确定。表 2.21 显示有三个剧情在中风险区域(*SRisk* = -1 或 0)，需要用合理可行的降低风险原则(ALARP)确定是否要采取行动。有一个剧情在高风险区域(*SRisk*>0)，需要风险降低行动。

除了指出哪些剧情需要进一步的风险降低外，这些剧情风险降低的计算也可用于确定风险降低行动的优先级。因此，降低在高风险区域风险的行动优先于低风险区域的行动。

表 2.21 中的数据仅用于举例说明目的，并不是特定的初始事件，后果和保护措施的发生频率或失效概率的规范值。

表 2.21　VCM 中试装置 HAZOP 分析结果的剧情风险估计示例

<table>
<tr><td colspan="4">图纸号：VCM 中试装置，版本 0</td><td colspan="6" rowspan="3">团队成员：HAZOP 分析主席、记录员、工艺设计师、化学师、操作代表、仪表与控制工程师、安全专家、环境专家</td></tr>
<tr><td colspan="4">会议时间：</td></tr>
<tr><td colspan="4">页码：1/124</td></tr>
<tr><td>序号</td><td>偏离</td><td>初始原因</td><td>频率</td><td>后果</td><td>严重程度</td><td>保护措施</td><td>剧情频率(10^x)</td><td>剧情风险</td><td>建议</td></tr>
<tr><td colspan="10">1 乙烯进料管线(提供 1100scfm 乙烯蒸气到 DC 反应器，100psig，环境温度)</td></tr>
<tr><td rowspan="3">1.1.1</td><td rowspan="3">乙烯无流量</td><td rowspan="3">FCV-1 故障关或误关</td><td rowspan="3">-1</td><td>(1) 裂解炉中氯气未反应；
(2)可能导致炉管损坏</td><td>不在研究范围</td><td>(1) PT-1 低压报警；
(2) 停车；
(3) 在炉管损坏前通过 2 次/h 反应器取样检测乙烯流量低</td><td>—</td><td>—</td><td>1，2</td></tr>
<tr><td>(1) 裂解炉中氯气未反应；
(2) 可能导致炉管损坏；
(3) 热氯气蒸气泄漏</td><td>4</td><td>(1) PT-1 低压报警；
(2) 停车；
(3) 在炉管损坏前通过 2 次/h 反应器取样检测乙烯流量低</td><td>-4</td><td>0
(中风险)</td><td>1，2</td></tr>
<tr><td>(1) 未反应的氯气通过裂解炉和焚烧炉进入装置洗涤器；
(2) 最终氯气泄漏</td><td>3</td><td>(1) PT-1 低压报警；
(2) 停车；
(3) 2 次/h 取样；
(4) 洗涤器泄漏报警</td><td>-4</td><td>0
(中风险)</td><td>1，3，4</td></tr>
</table>

续表

<table>
<tr><td colspan="4">图纸号：VCM 中试装置，版本 0</td><td colspan="6" rowspan="3">团队成员：HAZOP 分析主席、记录员、工艺设计师、化学师、操作代表、仪表与控制工程师、安全专家、环境专家</td></tr>
<tr><td colspan="4">会议时间：</td></tr>
<tr><td colspan="4">页码：1/124</td></tr>
<tr><th>序号</th><th>偏离</th><th>初始原因</th><th>频率</th><th>后果</th><th>严重程度</th><th>保护措施</th><th>剧情频率（10^x）</th><th>剧情风险</th><th>建议</th></tr>
<tr><td rowspan="3">1.1.2</td><td rowspan="3">乙烯无流量</td><td rowspan="3">PCV-1 故障关或误关</td><td rowspan="3">-1</td><td>（1）裂解炉中氯气未反应；
（2）可能导致炉管损坏</td><td>不在研究范围</td><td>在炉管损坏前通过2次/h反应器取样检测乙烯流量低</td><td>—</td><td>—</td><td>2，5</td></tr>
<tr><td>（1）裂解炉中氯气未反应；
（2）可能导致炉管损坏；
（3）热氯气蒸气泄漏</td><td>4</td><td>在炉管损坏前通过2次/h反应器取样检测乙烯流量低</td><td>-3</td><td>1
（高风险）</td><td>2，5</td></tr>
<tr><td>（1）未反应的氯气通过裂解炉和焚烧炉进入装置洗涤器；
（2）最终氯气泄漏</td><td>3</td><td>（1）2 次/h 取样；
（2）洗涤器泄漏报警</td><td>-3</td><td>0
（中风险）</td><td>3，4，5</td></tr>
</table>

第3章　HAZOP分析中风险矩阵的应用

要点导读

HAZOP 分析的目的就是识别、评估和降低工艺过程风险。企业应该牢固树立风险意识，努力提高风险管理的能力。本章主要旨在让读者了解如何利用风险矩阵方法对 HAZOP 分析识别出来的各种事故剧情进行风险评估，包括：如何进行不利后果严重度的分类和分级；常见初始事件的发生频率；如何将初始频率的数值进行转化以便于工艺危害评估使用；如何构建风险矩阵并确定剧情的风险等级。本章最后列举了一个简化的 HAZOP 分析案例，说明如何利用风险矩阵对 HAZOP 识别出的工艺危害进行评估和分级。

3.1　风险和风险矩阵

风险通常被定义为某一特定危险情况发生的可能性和后果严重度的组合。风险矩阵是一种风险管理中通常使用的简便易行的风险表达工具，是一个通过后果严重程度(S)和事故发生的可能性(L)来确定风险级别的矩阵图。风险矩阵方法是近年来应用日趋广泛的一种风险分析和度量方法。该方法最初在 1995 年由美国空军电子系统中心(Electronic System Centre)研发成功，用于评估采购项目周期中存在的各种风险，在提出后不久就被广泛应用于许多其他行业的风险评估中，比如反恐风险分析、建筑项目管理、企业风险管理等。许多国际石油化工和化工公司也逐渐引入此方法，并建立了本企业的风险矩阵和风险可接受准则。

图 3.1 所示为一个 3×3 风险矩阵，纵轴表示事故的发生可能性，自下而上分为低、中、高三个等级；横轴表示事故影响/后果的严重程度，自左向右分为低、中、高三个等级。风险值等于事故发生可能性等级与事故后果严重程度等级两个指标的乘积，根据风险值在二维

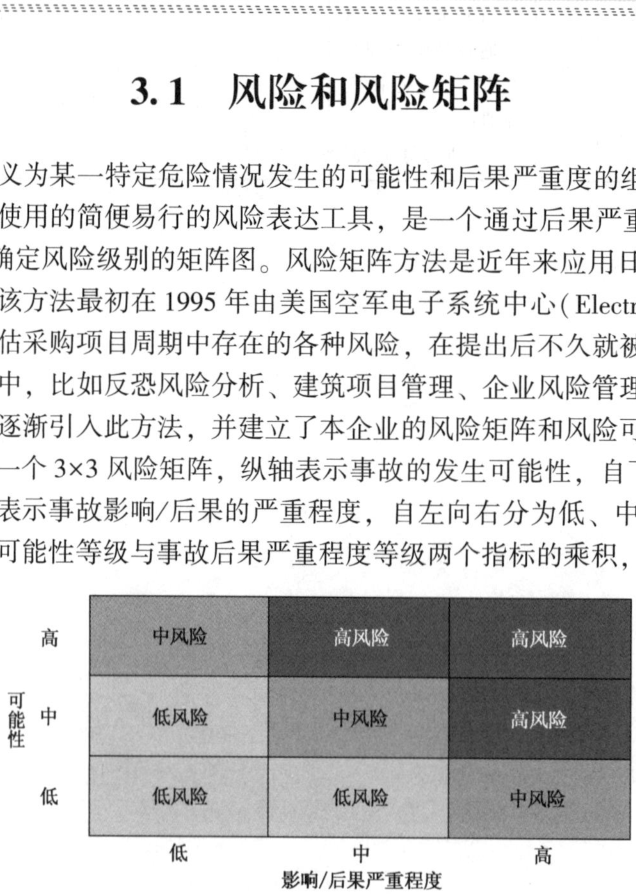

可能性	低	中	高
高	中风险	高风险	高风险
中	低风险	中风险	高风险
低	低风险	低风险	中风险

影响/后果严重程度

图 3.1　风险矩阵示意图

矩阵中的不同位置，在该风险矩阵可将风险分为高风险、中风险、低风险三个等级(当然，也可以划分为更多或更少的级别)。

采用不同风险等级来确认风险的目的在于，针对不同的风险采取相应的管理策略，达到降低风险的目的。同样，不同的组织和项目，对于不同的风险具有不同的策略。但一般来说，几乎所有的组织和项目，对于高风险，都要求立即采取行动以降低事故后果的严重性或事故发生的可能性，或者同时降低这两种特性，并有针对性地制定应急响应的计划；对于中风险，多数组织和项目要求在既定时间内有计划地进行风险两种特性的降低或减少，并制定响应的应急计划；而对于低风险(或“可接受风险”)，多数组织和项目的做法是对其进行经济评估，有针对性地制定行动计划，在近期或将来的运行中采取适当措施，或者不采取任何措施。

因此，通过风险矩阵方法，将事故发生的可能性、后果影响的严重程度、风险三个因素均实现了分类和分级管理，有利于优化配置用于降低风险的企业资源。

表3.1为某公司制定的用于评估毒物扩散、火灾和爆炸等工艺危害的风险矩阵，风险等级自矩阵左上角朝右下角方向逐渐增加，利用该风险矩阵能够对某损失事件在人员、财产、环境方面构成的风险进行评估和分级。

表3.1 某公司制定的风险评估矩阵(仅供参考)

严重程度	后果			递增的可能性				
				A	*B*	*C*	*D*	*E*
	人员	财产	环境	行业内从来没听说过	行业内曾经听说过	集团公司内曾经发生过，但本公司装置尚未发生过	装置内曾经发生过	装置内发生超过1次
0	没有伤害或健康影响	没有损失	没有影响	低风险	低风险	低风险	低风险	低风险
1	轻微的伤害或健康影响	轻微损失	轻微影响	低风险	低风险	中等风险	中等风险	中等风险
2	不严重的伤害或健康影响	损失不严重	影响不严重	低风险	中等风险	中等风险	高风险	高风险
3	重大的伤害或健康影响	中等损失	中等影响	中等风险	中等风险	高风险	高风险	极端风险
4	最多3人死亡	重大损失	重大影响	中等风险	高风险	高风险	极端风险	极端风险
5	超过3人死亡	特别重大损失	特别重大影响	高风险	高风险	极端风险	极端风险	极端风险

风险矩阵作为一种有效的风险评估和管理方法，具有以下优点：

(1) 广泛的适用性。该方法能够适用于很多行业，包括石油化工和化工行业的毒物扩散、火灾和爆炸等多种工艺危害事故类型，以及每种事故类型在人员、财产、环境、声誉等方面带来的风险，都可以进行评估。

(2) 简单直观的陈述。对事故发生的可能性、后果影响的严重程度和风险等级等输入输出量直接使用文字或数字表述，通俗易懂、清晰明了，且能满足应用要求。

(3) 可运用实际的经验。HAZOP 分析团队在运用该方法进行风险评估时，不需要经过复杂的计算和推理，可以直接运用长期的经验积累，或者参照有限的原始数据，比如基于已发生的事故、本行业的历史统计数据获得事故发生可能性和破坏严重程度的判断，从而确定事故的风险等级。

(4) 经过简单的培训就可以使用。风险矩阵方法把发生可能性和严重程度直接作为计算风险等级的两个输入变量，使用人员不需要掌握复杂数学模型、全面的风险评估知识和技能。所以该方法易于理解和掌握，且便于使用。

但作为一种简化的风险评估方法，风险矩阵方法不可避免地存在以下不足之处：

(1) 结果精度低。典型的风险矩阵仅能直观比较小范围内随机选择的风险，量值上差异很大的风险可能会被分配到相同的风险等级。

(2) 可能得到错误的评估结果。与复杂的定量风险评估技术相比，风险矩阵方法不能克服人的直观认识的固有局限性，量值较低的风险可能会被分配较高的风险等级。比如对于相关的事故发生频率和严重程度两个输入变量，即严重程度越高则发生可能性越低。由于风险矩阵评估方法的结果依赖于参与人员的经验和直观认识、甚至猜测，在没有历史统计数据、事故后果模拟分析等客观数据支持时，可能会得到错误的判断。

(3) 资源优化配置作用有限。用风险矩阵划方法划分出的风险等级，不能充分论证预防性措施或减缓性措施的功效，所以很难实现风险降低措施资源的优化配置。

(4) 输入和输出不清晰。严重事故后果的不确定性导致不能客观地对后果严重程度进行准确分类。风险矩阵的输入(可能性和严重程度的分级)和输出(风险等级)是基于参与人员经验、甚至主观臆断完成的，不同的人员或工艺危害分析团队对某个风险的判断可能出现相反的结果。

3.2 不利后果严重度分类

所谓后果即某个具体损失事件的结果，通常是指损失事件造成的物理效应(比如热辐射、超压和冲量、暴露浓度等)和影响，比如火灾、爆炸和有毒物质扩散及其造成人员伤亡和疏散，环境破坏、经济损失等影响。严重性是指后果的性质、条件、强度、残酷性等衡量破坏程度和负面影响的指标，比如外环境水体污染面积、扩散距离和覆盖范围、人员死亡数量、损失的经济价值等。比如，“氯气低压输送管道 15mm 小孔泄漏造成 2 人严重中毒、1 人死亡，AEGL-3 浓度影响范围 150m”和“环已烷蒸气云闪火造成 1 名现场操作工死亡，6 人轻微受伤，装置区过火面积 $50m^2$，停工 15 天”，属于事故后果严重程度的描述。

《生产安全事故报告和调查处理条例》(中华人民共和国国务院令第 493 号)按照生产安全事故造成的人员伤亡数量和直接经济损失，将事故划分为特别重大事故、重大事故、较大事故、一般事故等不同等级。但工艺安全事故泄漏或排放的有害物料，以及应急处置产生的混合了工艺物料的消防污水，如果不能在工厂内被妥善处置，甚至被直接排放到河流、湖泊，还会造成土壤破坏、河流和地下水污染、生态功能丧失等环境污染事件。而环境破坏影响深远、修复代价更高，破坏后果就变得更加严峻。而且，那些经常发生工艺安全事故和发生过严重工艺安全事故的企业往往给社会公众造成忽视安全、漠视生命、缺乏社会责任、企业发展不可持续、前景难以预料等不良印象，使得企业社会形象和声誉受到损坏。

综上所述，工艺安全事故的不利后果严重程度需要从人员、环境、财产、声誉等几个不同方面进行分别考虑。

3.3 不利后果严重度分级

不利后果严重度分级首先要把事故在人员、环境、财产、声誉等方面导致的损失数值化、量化，以便于比较和划分界限。后果度量方法一般分为定性分析和定量计算两种。定性分析是工艺危害分析小组成员利用在装置操作岗位长期积累的经验快速判断出现的危害后果和波及范围。而事故后果定量计算需要考虑气象条件、地面特征、物料性质、泄漏量和持续时间、危险存量隔离单元划分等自然条件和工艺条件。在评估计算结果造成的影响时甚至考虑建构筑物的结构易损性(防火防爆性能、结构稳定性等)、人员分布地点和频次等条件，结果准确程度优于定性分析，但需要借助事故后果数学模型和大量的原始数据输入，花费时间较多。

根据《生产安全事故报告和调查处理条例》(中华人民共和国国务院令第 493 号)第三条的规定，生产安全事故造成的人员伤亡和直接经济损失，一般分为以下等级：

(1) 特别重大事故，是指造成 30 人以上死亡，或者 100 人以上重伤(包括急性工业中毒，下同)，或者 1 亿元以上直接经济损失的事故；

(2) 重大事故，是指造成 10 人以上 30 人以下死亡，或者 50 人以上 100 人以下重伤，或者 5000 万元以上 1 亿元以下直接经济损失的事故；

(3) 较大事故，是指造成 3 人以上 10 人以下死亡，或者 10 人以上 50 人以下重伤，或者 1000 万元以上 5000 万元以下直接经济损失的事故；

(4) 一般事故，是指造成 3 人以下死亡，或者 10 人以下重伤，或者 1000 万元以下直接经济损失的事故。

《国家突发环境事件应急预案》(中华人民共和国国务院，2004 年)将突发环境事件分为特别重大环境事件(Ⅰ级)、重大环境事件(Ⅱ级)、较大环境事件(Ⅲ级)和一般环境事件(Ⅳ级)，详细如下。

(1) 特别重大环境事件(Ⅰ级)。凡符合下列情形之一的，为特别重大环境事件：

- 发生 30 人以上死亡，或中毒(重伤)100 人以上；
- 因环境事件需疏散、转移群众 5 万人以上，或直接经济损失 1000 万元以上；
- 区域生态功能严重丧失或濒危物种生存环境遭到严重污染；
- 因环境污染使当地正常的经济、社会活动受到严重影响；
- 利用放射性物质进行人为破坏事件，或 1、2 类放射源失控造成大范围严重辐射污染后果；
- 因环境污染造成重要城市主要水源地取水中断的污染事故；
- 因危险化学品(含剧毒品)生产和储运中发生泄漏，严重影响人民群众生产、生活的污染事故。

(2) 重大环境事件(Ⅱ级)。凡符合下列情形之一的，为重大环境事件：

- 发生 10 人以上 30 人以下死亡，或中毒(重伤)50 人以上 100 人以下；
- 区域生态功能部分丧失或濒危物种生存环境受到污染；
- 因环境污染使当地经济、社会活动受到较大影响，疏散转移群众 1 万人以上 5 万人以下的；
- 1、2 类放射源丢失、被盗或失控；
- 因环境污染造成重要河流、湖泊、水库及沿海水域大面积污染，或县级以上城镇水源地取水中断的污染事件。

(3) 较大环境事件(Ⅲ级)。凡符合下列情形之一的，为较大环境事件：

- 发生 3 人以上 10 人以下死亡，或中毒(重伤)50 人以下；
- 因环境污染造成跨地级行政区域纠纷，使当地经济、社会活动受到影响；
- 3 类放射源丢失、被盗或失控。

(4) 一般环境事件(Ⅳ级)。凡符合下列情形之一的，为一般环境事件：

- 发生 3 人以下死亡；
- 因环境污染造成跨县级行政区域纠纷，引起一般群体性影响的；
- 4、5 类放射源丢失、被盗或失控。

国内企业也可以参照《生产安全事故报告和调查处理条例》和《国家突发环境事件应急预案》等有关法规和标准的规定，结合企业自身风险承受能力和损失类型，从人员伤亡、经济损失、环境破坏等方面将事故后果严重程度进行分级。

在评估某事故可能造成的人员伤害数量、环境污染程度、经济损失大小等严重程度分级指标时，工艺危害分析团队应事先统一确定安全措施的分析策略。某些公司是假定被分析装置的所有硬件和软件防护措施都已经失效，不考虑旨在降低损失事件影响的减缓性措施的作用，即只针对初始事件引发的最严重后果及其严重程度，这种悲观假定有利于简化分析过程，但一般更适用于装置设计阶段的工艺危害评估；对已经投入运行的装置，在分析事故后果时仍不考虑装置已经采取的减缓性保护措施，则会过于保守地估计风险等级。而某些公司的作法则属于另外一个极端，即假定减缓性措施总是有效的，并据此估计损失事件的影响，这类乐观假设也有利于简化分析过程，但造成估计剧情风险时不够保守。因为对某些特定的剧情，预防性措施的脆弱性总是存在的，甚至会变得失去效用。

企业生产规模、经济实力、盈利模式、社会影响力等方面的差异，造成了对事故后果严重程度的感受和承受能力的不同。比如，工艺流程、生产规模、经济实力完全相同的几家化工生产企业，因为布置在邻近城镇居民区、环境敏感地带、政府统筹规划的化学工业园区内等不同地点，不同的地理位置会造成这些企业对人员伤亡、环境和声誉方面事故后果严重程度分级的差异。在符合国家和地方关于生产安全事故、环境事故法律、法规和标准、规范要求的前提下，企业根据自身特点制定事故后果分类和划分严重程度等级是被允许的。

3.4 初始事件频率

初始事件频率用于描述事故剧情初始事件发生的可能性，在确定初始事件频率前，事故剧情发展步骤的所有原因都应该进行评估和验证，以确认这些原因符合初始事件的要求，例如：不足的教育培训和授权、不足的检测和检查可以是导致初始事件的潜在原因，而安全阀、超速联锁等保护设施失效是由于其他初始事件引起的，这些事件本身均不能作为初始事件而确定发生频率。初始事件的基础频率一般来源于：

（1）文献和数据库。例如：挪威 SINTEF 商业发行的 OREDA（Offshore Reliability Data Handbook）（第 5 版，2009）；国际石油和天然气生产商联合会公开发布的《OGP 风险评估数据目录》（包括工艺泄漏频率、井喷频率、风险评估中的人为因素、点火概率、立管和管道泄漏频率等系列数据报告）；美国石油学会发布的 API RP581《基于风险的检测技术》（第 2 版，2008），等等。

（2）行业或者公司经验，以及危险分析团队的经验。操作人员在长期生产实践中积累的某些特定事件的发生频率可以作为良好的数据来源，尤其是当前国内尚未有权威机构统计和发布能被业界广泛认可的设备失效频率数据库。

（3）设备供货商提供的数据。这类数据通常来源于设备生产商对设备寿命和性能的测试和统计数据，且这些测试和统计是在规定条件下完成的。

在选择初始事件频率数据时，常需要根据特定的操作参数、工艺流程、检测和监测频率、操作和维修技能的培训、设备设计条件等做出假设。因此，在选择失效频率数据时，要注意以下问题：

（1）选择的失效频率应当与装置的基本设计一致。国内装置参照国外装置失效频率数据库进行频率分配时，需要按照既有的设计和运行条件进行修正。例如，可以按照美国石油学会发布的 API RP581《基于风险的检测技术》（第 2 版，2008）推荐的做法进行管理系数和破坏系数修正。

（2）所有选择的失效频率均应在数据范围的同一位置，例如：失效频率范围的上限、下限或者中间值，以确保整套工艺装置的频率统计保守程度一致。

（3）选择的失效频率应对被评估的装置或者操作具有代表性。通常只有在足够长时间内形成的具备统计显著性的失效频率才能满足使用要求。行业内的基础失效频率数据须经过能够反映当前运行条件和状况的系数调整后才能被使用。如果没有此类数据供直接使用，则要判断哪些外部数据源最适用于参照和借鉴。

表 3.2 列举了部分典型初始事件的频率值。

表 3.2　典型初始事件的频率值

初　始　事　件	频率范围/a^{-1}
压力容器残余性失效	$10^{-5} \sim 10^{-7}$
管道残余性失效 – 100m – 全断裂	$10^{-5} \sim 10^{-6}$
管道泄漏（10%断面）– 100m	$10^{-3} \sim 10^{-4}$
常压储罐失效	$10^{-3} \sim 10^{-5}$
法兰或密封填料爆裂	$10^{-2} \sim 10^{-6}$
透平、柴油发动机超速并外壳破裂	$10^{-3} \sim 10^{-4}$
第三方破坏（挖掘机、汽车等）	$10^{-2} \sim 10^{-4}$
起重机吊物坠落	$10^{-3} \sim 10^{-4}$/起吊

续表

初 始 事 件	频率范围/a^{-1}
雷击	10^{-3}~10^{-4}
安全阀误跳	10^{-2}~10^{-4}
冷却水中断	1~10^{-2}
泵密封失效	10^{-1}~10^{-2}
装料、卸料时软管破裂	1~10^{-2}
基本工艺控制系统仪表回路失效 注：IEC 61511 限值高于 1×10^{-5}/h 或 8.76×10^{-2}/h(IEC，2001)	1~10^{-2}
控制器失效	1~10^{-1}
小规模外部火灾(累计原因)	10^{-1}~10^{-2}
大规模外部火灾	10^{-2}~10^{-3}
LOTO(挂牌上锁)程序失效(多单元工艺的整体失效)	10^{-3}~10^{-4}/机会
操作人员失误(执行常规作业并假定经过良好培训、无工作压力、无疲劳)	10^{-1}~10^{-3}/机会

注：表中数据来源于美国化学工程师学会化工过程安全中心(AIChE CCPS)《Layer of Protection Analysis: Simplified process risk assessment》(2001)。

HAZOP 分析时，可以根据初始事件发生频率范围进行分级以便于使用。很多具有丰富风险评估经验的工艺危险分析团队能够在一个数量级的精度范围内区别初始事件发生的可能性，例如：确定冷却塔的水供应中断发生可能性为每月 1 次，或每年 1 次，或 10 年 1 次。表 3.3 提供了将初始事件频率分级的例子，危险分析团队根据以往的经验确定发生操作失误的可能性是每 3 年 1 次，即 1/3 年约为 $10^{-0.5}$/年，则对应初始事件频率的量级为-0.5，发生可能性在“非常高”与“高”之间。

表 3.3 初始事件的频率值

量级 (10^x/年)	发生可能性分级	等效的初始事件可能性	与经验相比
0	非常高	每年发生 1 次	无法预测什么时候发生，但仍在经验认知的范围内
-1	高	每运行 10 年发生 1 次(10%的可能性)	超出某些员工的经验范围，但仍在工艺的经验范围内
-2	中	每运行 100 年发生 1 次(1%的可能性)	几乎超出所有员工的经验范围，但仍在装置的经验范围内
-3	低	每运行 1000 年发生 1 次	几乎超出所有工艺经验的范围，但仍在公司的经验范围内
-4	非常低	每运行 10000 年发生 1 次	超出大多数公司的经验范围，但在行业的经验范围内
-5	不可能发生	每运行 100000 年发生 1 次	可能超出行业经验的范围，除非同类型的装置和操作

3.5　危险剧情的风险确定

危险剧情的风险是由剧情发生可能性和剧情影响严重程度两个因素共同确定的，即

剧情的发生频率(次损失事件/年)×剧情的影响(损失事件的影响)=剧情的风险(影响/年)

剧情的发生频率=初始事件发生频率(初始事件次数/年)×预防性保护措施失效概率(无量纲数值)

对多数危险剧情而言，估算初始事件发生频率相对来说比估算剧情频率更容易些，因为像装置部件机械失效、公用工程中断、操作失误、外部事件(台风、地震、洪水等)的发生可能性均在经验认知的范围。在判断事故剧情发生可能性时，应考虑已有的预防性保护措施的修正作用，比如对预防性保护措施的可靠性在 0(完全失效)和 1 之间(完全有效)进行赋值，结合初始事件发生频率，对损失事件(人员伤亡、财产损失、环境破坏、声誉下降等)的发生可能性进行调整。

当初始事件和损失事件中间存在多个预防性保护措施时，应考虑这些保护措施是否为“独立保护层”，是否存在“共因失效”。如果属于独立保护层，则保护措施失效概率等于各保护措施失效概率的乘积。这种方法就是所谓的保护层分析(LOPA)。具体的 LOPA 分析方法需要参考相应的导则。

在 HAZOP 分析团队经过集体讨论确定了事故发生可能性和严重程度在风险矩阵中的行、列位置后，便可得到某个危险剧情对应的风险等级。对复杂的事故模式，比如涉及的预防性保护措施或减缓性保护措施多，造成初始事件之后的事件序列将朝向多个损失事件类型演变，推荐利用构建事件树(Event Tree Analysis，ETA)的方法使得事件序列条理化、结构化，包括考虑保护措施对损失事件发生可能性和后果影响严重程度的干预作用。

综上所述，危险剧情的风险是考虑保护措施按照预定意图发挥功能之后的剩余风险，从而风险值更接近真实的事故风险。当发现剩余风险较高时，必须提出合理可行的安全保护措施，同时针对提出的风险再实施后续的剩余风险评估，使得最终的剩余风险等级符合最低合理可行准则(As Low As Reasonably Practicable，ALARP)。如果评估发现剧情的风险太高，这意味着现有的保护措施是不充分的，还需要进一步采取措施来降低风险，以满足合理可行的降低风险原则。

3.6　HAZOP 分析中风险矩阵的应用

某国际化工公司 CH 要在某地工厂扩建一套危险化学品生产装置，因为原料 A 和反应产物 C 均是易燃易爆危险化学品，按照政府相关规定，需要在设计阶段对该生产装置进行 HAZOP 分析。该公司在几年前已经根据自身生产特点和风险承受能力制定了用于同类生产装置工艺危害评估的风险评估矩阵，为保证 HAZOP 分析结果的公正性和客观性，公司管理层决定委托第三方独立咨询机构帮助实施该装置的 HAZOP 分析，公司内具有同类装置现场运行和操作经验的工艺、仪表、设备、HSE 等专业人员，以及设计单位实施该装置具体设计的工艺、设备、仪表等专业人员同时参与此次 HAZOP 分析。

(1) 工艺说明

如图 3.2 所示，来自上游的工艺物料危险化学品 A 通过管道输送至反应釜 R-201，另一种物料 B 通过釜上加料口投入后，开启搅拌，使两种物料充分混合、反应。通过取样分析，确认反应合格后，开启阀门 V-210，启动泵 P-201，将反应产物 C 输送至储罐 T-202。储罐 T-202 中的物料 C 供下游工艺系统使用。

在储罐 T-202 上设置高液位、低液位和高高液位显示控制仪表回路。当两个高液位开关 LIC 201C/D 中的任何一个到达设定值，停泵 P-201；当两个低液位开关 LIC 201A/B 中的任何一个到达设定值，启动泵 P-201。高高液位显示控制回路 LIC 201E 的检测元件、逻辑控制器与最终执行元件液位调节阀 LV-201 和泵 P-201 的电机联锁，当储罐 T-202 到达高高液位设定值时停泵、关阀。

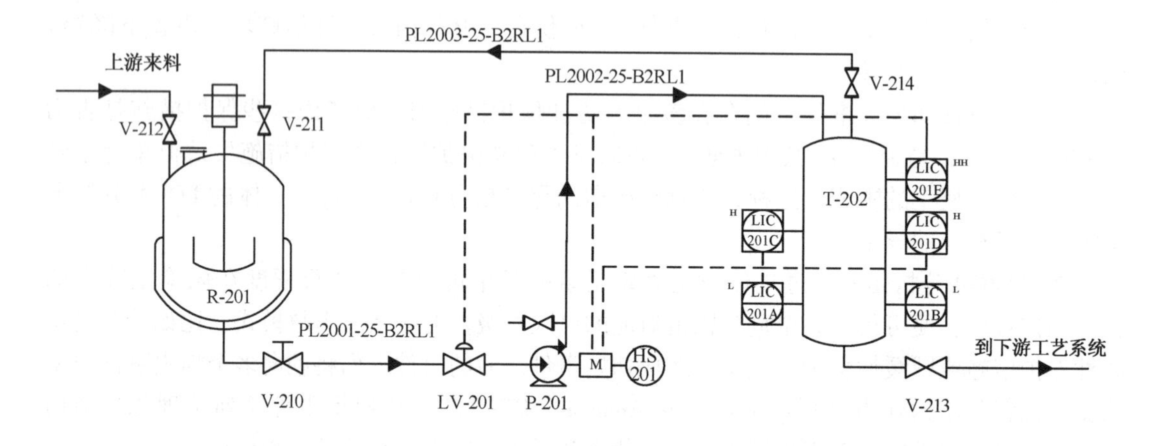

图 3.2　CH 化工公司新建危险化学品生产装置的工艺管道仪表图

(2) 风险矩阵介绍

该化工公司制定的风险评估矩阵如表 3.4 所示，相应的事故发生可能性等级、事故影响严重性等级、风险等级说明，具体见表 3.5、表 3.6 和表 3.7。

表 3.4　某国际化工公司制定的风险矩阵

频率	严重程度			
	S_1	S_2	S_3	S_4
F_0	*A*	*B*	*D*	*E*
F_1	*B*	*B*	*E*	*E*
F_2	*B*	*C*	*E*	*F*
F_3	*C*	*D*	*F*	*F*
F_4	*E*	*F*	*F*	*F*

表 3.5　事故影响严重性分级

描　述	类　别	定　义
灾难性的	S_1	(1) 造成多人死亡 (2) 造成严重的环境破坏且不易修复 (3) 导致工厂停产或关闭
严重的	S_2	(1) 造成多人重伤，威胁生命的疾病，甚至可能死亡 (2) 造成严重的环境破坏，或恶劣的社会影响 (3) 造成严重的设备损坏
重大的	S_3	(1) 造成 1 人严重受伤或者重大疾病 (2) 造成环境破坏，但可被修复 (3) 有可能造成设备损坏，生产中断
轻微的	S_4	(1) 造成人员轻微伤害或者疾病 (2) 造成轻微的环境影响 (3) 造成生产暂时中断

表 3.6　事故发生可能性分级

描　述	类　别	定　义
频繁发生	F_0	发生或数次(每年发生 1 次或多次)
可能发生	F_1	发生过 1 次(大约每 10 年发生 1 次)
偶尔发生	F_2	几乎发生(大约每 100 年发生 1 次)
未来会发生	F_3	从来没有发生，但发生是可信的(大约每 1000 年发生 1 次)
不可能发生	F_4	不可能发生的(少于 10000 年发生 1 次)

表 3.7　风险等级说明

风险等级	风险等级说明	风险降低措施
A	极端的、完全不能接受的风险	改变工艺或设计
B	非常大的、不能接受的风险	改变工艺或设计，或者一个 SIL3 等级的防护措施
C	大的、不能接受的风险	改变工艺或设计，或者一个 SIL2 等级的防护措施
D	中等、可以接受的风险，但应采取措施进一步降低风险	一个高质量的监控措施，并有高质量的检测或管理程序文档
E	小的、可接受的风险，但应采取措施进一步降低风险	一个监控设施或者管理程序
F	非常小、可接受的风险	允许不采取措施

(3) 使用风险矩阵方法的 HAZOP 分析记录

经 HAZOP 分析团队一致同意，该危险化学品生产装置被作为 1 个节点进行分析。HAZOP 分析工作表格式和分析记录见表 3.8。

该装置生产过程属于间歇操作，但表 3.8 省略了针对间歇操作步骤和反应器 R-201 的分析记录，保留了针对储罐 T-202 的 HAZOP 分析记录，仅作举例参考之用。其中严重性等级、可能性等级及风险等级参见表 3.5、表 3.6 和表 3.7。

表 3.8 使用风险矩阵方法的 HAZOP 分析工作表和记录

节点	1
日期	××年××月××日
客户	CH 化工公司
项目编号	PHA101005
装置	危险化学品 C 生产装置
设计意图	开启釜底阀门 V-210，启动泵 P-201，将反应釜 R-201 内反应产物 C 输送至储罐 T-202，供下游工艺系统使用。储罐 T-202 设置高高、高、低液位显示控制回路，通过与液位调节阀 LV-201 和泵 P-201 的电机联锁，调节储罐液位
图纸	REAC-DD-DWG-PS01-00

序号	偏离	原因	后果	现有安全措施	可能性(L)	严重程度(S)	风险(R)	建议措施
1.1	无/低流量							
1.1.1	在正常生产时，从 V-210 通过泵 P-201 至 T-202 无或低流量	泵 P-201 故障	不能持续给储罐供液，影响生产	(1) 泵有运行状态指示； (2) T-202 设置低液位显示	F_0	S_4	E	#1.1 在物料 A 输送系统控制箱上增加低液位声音延时报警，在操作规程中规定该报警的处置措施
		阀门 V-210 未开启或故障关	损坏泵	(1) 阀门状态指示 (2) T-202 设置低液位显示	F_0	S_3	D	#1.2 为反应产物 C 输送泵 P-201 购买一台备用泵
		调节阀 LV-201 故障关	(1) 不能给储罐供液，影响生产； (2) 损坏泵	仪表气体压力低于 0.25MPa，切断泵的供电电源	F_0	S_3	D	#1.3 增加阀 LV-201 与泵 P-201 的联锁，当 LV-201 关闭时，泵 P-201 停机或不能启动
		泵的流量可调节(0~360L/h)，泵运行时设定值调节过低	影响生产	无	F_0	S_4	E	#1.4 操作规程规定：系统调试时，泵 P-201 的出口流量设定为最大值 360L/h
1.2	高流量							
1.2.1	在正常生产时，从 V-210 通过泵 P-201 至 T-202 流量过大	不可能发生。因为泵的选型最大流量为 360L/h，计算流速为 0.56m/s，符合国家有关静电安全的标准						

续表

序号	偏离	原因	后果	现有安全措施	可能性(L)	严重程度(S)	风险(R)	建议措施
1.3	高液位							
1.3.1	T-202液位高	进液控制发生人为失误	储罐T-202不可能发生溢料，因为其容积是反应釜R-201的2倍，液位过高将造成储罐区的火灾危险性增加	储罐T-202设计了高液位控制回路LIC-201C/D和高高液位控制回路LIC-201E，并与泵联锁。另一个与泵P-201及其入口气动阀LV-201联锁。并设置自锁功能，故障排除后，需要手动复位	F_0	S_3	D	#1.5为高高液位LIC-201E增加声音报警，在操作规程中规定该报警的处置措施
1.4	压力高							
1.4.1	T-202的气相平衡管PL2003-25-B2RL1压力高	R-201上部阀门V-211处于误关状态	气相平衡管PL2003-25-B2RL1设计压力未考虑超压因素，可能发生导致过压破裂，易燃蒸气排放至外界空间，污染环境；被意外点燃甚至造成火灾爆炸事故	无	F_0	S_2	B	#1.6在操作规程中规定：T-202进料过程，确保反应釜顶部阀门V-211处于开启位置 #1.7按照系统可能出现的最大压力，提高气相平衡管PL2003-25-B2RL1的设计压力等级
1.4.2	储罐T-202内部压力高	阀门V-214处于误关状态	进液过程中，储罐T-202气相空间逐渐减少，内部压力持续增高，超过罐体设计强度会发生罐体破裂，并损坏输送泵	储罐内部压力增加，但储罐强度设计考虑最差条件下的内部超压	F_0	S_3	D	#1.8在操作规程中规定：T-202进料过程，确保其顶部阀门V-214处于开启位置

第4章　HAZOP分析的成功因素

要点导读

HAZOP分析的成功因素主要取决于三个方面，一是企业管理层对HAZOP分析工作的重视与支持程度；二是HAZOP分析团队整体的技术能力和经验；三是HAZOP分析中使用的图纸、技术资料和相关信息与数据的准确性与完整性。

4.1　企业主管的重视与支持

大量的HAZOP分析应用实践表明，企业主管的重视与支持(国外称之为企业主管的承诺)对HAZOP分析在本企业是否真正取得实效和成功起着决定性作用。企业主管是实施HAZOP分析的倡导者、决策者、组织者和管理者。如果得不到企业主管的重视与支持，即使进行了HAZOP分析，也难于取得真正的实效。

HAZOP分析和建议措施的“跟踪”与“关闭”等落实工作要靠全企业多部门的联合协调行动，没有企业主管的决心和决策，无法靠企业的下级部门或员工去落实“跟踪”与“关闭”的工作。

在实施HAZOP分析时，企业主管应当对如下影响HAZOP分析的重要因素有所了解：

(1) HAZOP分析是一项耗费时间的工作，对于复杂的工艺过程，可能一天只能分析一张P&ID。企业主管不要低估HAZOP分析工作所需要的资源。

(2) 确保HAZOP分析团队成员在HAZOP分析工作和他们现有工作之间的优先顺序不要发生冲突。特别是生产运行阶段的HAZOP分析，团队的关键成员常常也是装置的关键技术负责人。企业主管应当协调好HAZOP分析与当前生产的关系，使两者都能兼顾。

(3) 要选择称职的HAZOP分析团队成员。最好的团队成员会带来最好的HAZOP分析结果。因为建议的质量取决于HAZOP分析团队的能力和专业经验。低质量的HAZOP分析建议可能会耗费大量的时间和专家的精力去对建议内容实施再审查。例如，某国外企业由于分析质量不高，提出了1500个建议措施，经再审查取消了1000个建议措施。

(4) HAZOP分析工作强度很大。在经过每天4小时的HAZOP分析审查之后，人们很快就会有筋疲力尽的感觉，HAZOP分析团队的工作效率和有效性会迅速下降。企业主管应当关注这些问题，为团队成员尽可能提供舒适的会议环境及休息机会。

(5) 对HAZOP分析提出的改进安全、环境业绩和可操作性方面的大量建议要有思想准备。不要低估落实HAZOP分析建议所需要的人力和物力资源。要保证落实安全措施建议所需资金的到位，使得重点建议的安全措施及时落实。对于新建装置，要确保在项目开工之前完成有关项目 HAZOP 分析的安全建议。

(6) 充分运用 HAZOP 分析的成果，开展更有针对性的安全培训，提高操作人员和维修人员对本装置的事故预防能力和应对能力，落实 HAZOP 分析中提出的有关人为因素可能导致的潜在危险的应对措施。

(7) 认真开展对装置所有的安全措施(包括已有的和新建议的安全措施)的检查、维护和更新，并把它们列为企业日常安全生产管理的重点工作。

(8) 开展 HAZOP 分析方法的技术培训和人才培养，建立本企业的 HAZOP 分析团队，将 HAZOP 分析活动常态化，把实施 HAZOP 分析列为企业变更管理的一项规定，在装置全部“生命周期”中坚持定期开展 HAZOP 分析。

某些企业管理层对 HAZOP 分析缺乏认识，常见的一些情形有：

(1) 拒绝开展 HAZOP 分析，认为这不是必需的工作，或认为对资源要求太高，不愿投入。

(2) 由不称职的团队进行 HAZOP 分析，使得 HAZOP 分析流于形式，或者只是为了应付上级。这样既浪费时间和资源，还要处理质量低劣的建议。

(3) 进行 HAZOP 分析后，不重视或没有优先落实安全措施建议，使得工艺系统继续在较高风险下运行。同时也给员工传递出不重视安全的信号，员工很快就认为安全不是第一优先的工作。这就可能导致企业整个安全业绩和态度下滑。

综上所述，企业主管应当在深入了解 HAZOP 分析原理、作用和效益方面走在员工的前面，为在企业实施成功的 HAZOP 分析做出努力。每一个企业的主管都应当成为称职的 HAZOP 分析的倡导者、决策者、组织者和管理者，为使每一个企业都成为安全、环保的“绿色”企业做出贡献!

4.2　HAZOP 分析团队整体的技术能力和经验

HAZOP 分析团队成员的构成和每个成员的专业能力以及 HAZOP 分析团队主席的素质、能力和经验是构成 HAZOP 分析团队整体的技术能力和经验的主要因素。HAZOP 分析团队整体的技术能力和经验对 HAZOP 分析结果的质量至关重要。参与 HAZOP 分析的人员要有较高的专业素质和职业道德水准。

4.2.1　HAZOP 分析团队成员的构成与职责

HAZOP 分析团队人数一般为 5~8 人，人数太少专业代表面窄，人数太多意见不易集中，影响会议效率。当所分析的项目规模较大，又有时间限制时，可以将项目分解，分配给多个 HAZOP 分析团队同时进行。以下以设计阶段的 HAZOP 分析团队为例说明团队成员的构成与职责。

(1) HAZOP 分析主席

HAZOP 分析主席应该有丰富的流程工厂工作经验，熟悉 HAZOP 分析的方法(如接受过正式的培训)，有参与或领导 HAZOP 分析的丰富经验；此外，有较强的组织会议的能力和沟通能力。为确保 HAZOP 分析的质量，有的企业建立了选择 HAZOP 分析主席的内部标准，对HAZOP分析主席在工厂工作的年限、从事HAZOP分析工作的年限等有明确的规定。

(2) 工艺/设计工程师

工艺/设计工程师来自于设计方或业主(工厂方)，一般应是被分析装置的工艺专业负责人或主项负责人。在HAZOP分析过程中，工艺工程师的主要职责有：

- 负责介绍工艺流程，解释工艺设计意图，全程参与会议；
- 落实HAZOP分析提出的与本专业有关的意见和建议。

(3) 过程控制/仪表工程师

过程控制/仪表工程师一般来自设计方或业主，有时候业主也会派出仪表自控工程师。其主要工作有：

- 负责提供过程控制和安全仪表系统等方面的信息；
- 落实HAZOP分析提出的与本专业有关的意见和建议。

(4) 专利商或供货商代表(必要时)

专利商代表一般由业主负责邀请。专利商代表负责对专利技术提供解释并提供有关安全信息，参与制定改进方案。

供货商代表主要指大型成套设备如压缩机组的厂商。在进行详细工程阶段的HAZOP分析时，需要邀请供货商参加成套设备的HAZOP分析会议。

(5) 操作专家/代表

一般由业主方派出。资格要求及主要职责是：

- 熟悉相关的生产装置，有丰富的操作经验；
- 提供相关装置安全操作的要求、经验及相关的生产操作信息，参与制定改进方案；
- 落实并完成HAZOP分析提出的有关安全操作的要求。

(6) 记录员

记录员的重要任务是对HAZOP分析过程进行清晰和正确的记录，包括识别的危险源和可操作性问题以及建议的措施。记录员应该是技术人员，熟悉工艺过程，熟悉常用的工程术语，如果用专业软件进行记录的话，HAZOP记录员应熟悉所使用的软件。在进行HAZOP分析的过程中，记录员在HAZOP分析主席的指导下进行记录。

(7) 安全工程师

安全工程师主要是协助项目经理/设计经理计划和组织HAZOP分析活动，协调和管理HAZOP分析报告所提出的意见和建议的落实；负责跟踪并发布HAZOP分析报告意见和建议的关闭情况。安全工程师可以协助计划和组织HAZOP分析工作，也可以参与HAZOP分析会议，并帮助HAZOP分析团队了解本公司特有的一些安全要求、安全标准和安全实践等。

(8) 其他专业人员

- 按需要参加HAZOP分析活动，给予必要的专业支持和提供有关信息；
- 落实HAZOP分析报告中与本专业有关的意见和建议。

4.2.2 HAZOP分析团队成员的素质、能力和经验

HAZOP分析团队成员的组成和团队成员的素质、能力与经验对于HAZOP分析工作质量有很大的影响。一个合格的HAZOP分析团队，应包括所需的各专业的人员，且每个成员

在各自的专业领域有较丰富的经验。HAZOP 分析团队成员应当经过 HAZOP 分析专业培训，尽可能具有多次参加 HAZOP 分析项目的经验。

HAZOP 分析团队成员的素质、能力和经验主要体现在：运用创新想象力方法识别潜在事故危险的能力；利用 HAZOP 分析方法准确地识别可能的、符合实际的和起主导作用的偏离、原因、后果和提出相关安全措施的能力；在评估识别出的危险和提出建议措施时坚持实用、适度和切实可行的能力等方面。

HAZOP 分析团队成员应当尽可能具备如下的知识和经验：

① 扎实的工程原理知识。例如化工原理、机械原理、材料与设备结构原理、过程控制原理、工艺操作原理等。

② 丰富的工程实践知识和经验。例如：对常见化工事故的了解和经验；熟悉管路设备结构及其故障原因与影响；熟悉操作规程和维修规程；熟悉非正常操作和事故处理；熟悉常见安全措施效能、结构与使用原理；熟悉仪表与控制系统；熟悉安全标准、规范等。

③ 系统化与结构化分析危险的方法和经验。例如：熟悉常用逻辑思维和推理判断方法；熟悉常用危险分析方法；对 HAZOP 分析原理和方法的准确把握；熟悉风险矩阵方法的实际应用；熟悉原因分析方法等。

必须指出，如果要求 HAZOP 分析团队成员都具备以上列举的专业知识和经验是不现实的。因此，在选择 HAZOP 分析团队成员时应当注意不同专业的搭配和优势互补。HAZOP 分析团队成员专业与能力结构的优化能够保证 HAZOP 分析团队整体拥有足够的知识和经验。

另外，HAZOP 分析团队成员如果缺乏知识和经验，不了解危险事故的机理，则在 HAZOP 分析过程中可能无法识别某些事故。由于 HAZOP 分析团队对工厂中所有可能发生的事故现象不可能都有深入的知识和经验，当有经验的现场技术人员参与分析工作时，有助于识别该工厂的事故剧情。然而，不常见的事故现象和故障机制仍然可能识别不了。

即使 HAZOP 分析团队成员具有这样的知识和经验，他们还必须有能力将这些知识和经验用于正在进行的分析过程，并判断它们实际是如何发生的。如：当 HAZOP 分析团队成员对某些剧情没有经验时，人们会习惯性地倾向于判定该剧情为不可信。然而这种结论可能是错误的。有许多因素会影响到 HAZOP 分析团队成员对事故剧情的判定。具体如下：

(1) 人的本能(固有特性)

没有理由期望参与者都具有完美的素质和能力。人的能力会随着时间的推移产生波动，面对复杂的问题或重复繁琐的问题，人的能力会因疲劳、厌倦而下降。因而，这些因素会影响人识别事故的能力，特别是对于复杂的剧情。因此分析中可能会存在未被识别的剧情。

(2) 小事容易被忽略

人们往往关注识别复杂剧情，然而大事故可能起源于简单的剧情，事后看起来，可能是小事所引发。

(3) 信息超量，难以消化

HAZOP 分析团队可能无法消化所有的工艺过程信息。通常 HAZOP 分析团队了解过程信息是有一定限度的，了解 P&ID 是主要的。对于其他资料如自控设计资料、电气设计图、操作说明和设备的说明书、相关的设计规范等等，HAZOP 分析团队成员不可能都掌握。

(4) 对安全性的理解不足而产生遗漏

当 HAZOP 分析团队碰到严重的、先前未知的潜在事故时，常常要重点讨论，花费大量时间。有时为了赶进度，可能把它拖到后面的过程分析中。这种转移的任务可能没有被审定而产生遗漏，尚未完成的过程分析也分散了当前分析的注意力。

(5) 不适当的类比导致错误

通常工艺过程中可能包括有部分是相似的甚至是相同的工艺过程。HAZOP 分析团队可能会推断它们的危险剧情应该是相同的，于是提供了一个交叉引用(参照)的结论，并且转向下一个项目的分析。这样，有时表面上较小的不同却可能导致其他事故的可能性未被识别。HAZOP 分析团队也可能发现了这种不同之处，但没有看出在危险分析中有什么重要意义。例如，两个工艺管线完全相同，但一个有释放而另一个没有，其实差别是很大的。此外，管路周边三维环境情况不同，一旦发生管线失去抑制的事故，造成的后果的严重程度也有很大差别。

(6) 剧情太复杂时可能会遗漏事故剧情

当一个危险序列中包括的事件很多时，其相互的影响会变得很复杂，HAZOP 分析团队建立概念和识别事故剧情会变得更加困难，审定其可信的可能性就越小。例如，多分支管路设有多个阀门和管道布线，HAZOP 分析团队对其完全分析清楚会变得很困难。控制系统的问题也会因此变得复杂。HAZOP 分析团队可能勉强接受或甚至不知道他们不能全面了解该过程(自以为已经了解)。这样，就可能遗漏事故剧情。

HAZOP 分析团队危险识别能力的提高不但需要每一个 HAZOP 分析团队成员工程知识和实践经验的积累与发挥，而且需要 HAZOP 分析团队协作、优势互补和集体智慧的充分发挥。在 HAZOP 分析过程中，每一个 HAZOP 分析团队成员必须坚持严谨、细致、客观与实事求是的作风。这样，才能减少失误，保证 HAZOP 分析的质量。为此，HAZOP 分析团队在实施 HAZOP 分析中还应当注意如下原则：

① 在 HAZOP 分析会议中始终坚持 HAZOP 分析方法的各项要点与要领。

② 必须坚持集体智慧和优势互补的原则。如果由于各种原因造成团队成员缺席而导致实际参加会议人数太少时，应当暂时休会。所有的问题应当通过全体成员讨论，关键成员必须参加所有的会议。

③ HAZOP 分析团队主席应当在会议中坚持正确地引导，善于启发和发挥集体智慧。

4.2.3 HAZOP 分析主席的素质、能力和经验

HAZOP 分析能否按时完成，分析过程能否顺利进行，HAZOP 分析的质量能否得以保证，在很大程度上取决于 HAZOP 分析主席的素质、能力和经验。HAZOP 分析主席是 HAZOP 分析团队的组织者、协调者、指导者和总结者。因此 HAZOP 分析工作要求 HAZOP 分析主席必须具有相当专业知识、安全评价经验、管理能力和领导能力。

领导能力包括：善于启发集体智慧；善于把握分析的深度和进度；善于把握分析的客观性和真实性；善于克服主观性和少数人的意志，能够左右分析过程的进行。

一个合格的 HAZOP 分析主席的基本要求是：熟悉 HAZOP 分析方法；具有多次组织和领导进行 HAZOP 分析的记录，最好具有注册安全工程师专业资格或相当资格；熟悉工艺流

程；有能力领导一支安全审查方面的专家队伍；领导设计阶段的 HAZOP 分析，应当具有大型石化项目安全设计方面的经验；领导生产运行阶段的 HAZOP 分析，应当具有装置运行和操作方面的经验。

HAZOP 分析主席的任务是引导分析团队按照 HAZOP 分析的方法和步骤完成分析工作。HAZOP 分析主席负责 HAZOP 分析节点的划分，保证每个节点根据其重要性得到应有的关注。HAZOP 分析主席在安排某一个特定的 HAZOP 分析进度时，应检查 HAZOP 分析所必需的文件是否已经准备好。因此领导设计阶段的 HAZOP 分析主席应当熟悉一般的设计流程并了解一般设计文件的深度要求。在 HAZOP 分析开始前，HAZOP 分析主席还要确认 HAZOP 分析团队成员是否能够按时到位，并且已经明确了各自的任务。

在 HAZOP 分析会议进行过程中，HAZOP 分析主席要指导记录员对分析过程进行详细且准确的记录，特别是对建议措施的记录。在会议进行过程中，HAZOP 分析主席一个很重要的任务是掌握会议的节奏和气氛。应当在把握时间进度的前提下，确保充分的技术审查。特别要避免出现“开小会”的现象。HAZOP 分析主席应保证 HAZOP 分析团队成员根据自己的专业特长对 HAZOP 分析做出相应的贡献，而不能形成“一言堂”的局面。当 HAZOP 分析团队成员之间就某个问题存在严重分歧而无法达成一致意见时，HAZOP 分析主席应决定进一步的处理措施，如咨询专业人员或建议进行进一步的研究等。每天 HAZOP 分析主席除了专心主持所有分析会议之外，会议结束后还需检查工作报告技术上的正确性。HAZOP 分析主席负责准备、编写和提交初步的 HAZOP 分析报告稿和最终 HAZOP 分析报告，包括最终报告的注解内容。

作为 HAZOP 分析主席除了具备丰富的工程知识和经验外，还应当发挥个人的影响力，营造一个团结协作、充分发挥集体智慧的工作和会议氛围。HAZOP 分析主席的个人影响力体现在：从他人的立场看问题；对团队成员的辛勤工作给予真诚的感激和赞扬；展现巨大的热情和动力；尊重他人；批评决不能过分；给人们以良好的形象；保持乐观和公平的态度。

4.3　HAZOP 分析使用的图纸和资料的准确性和完备性

为了保证 HAZOP 分析的成功，必须确保 HAZOP 分析使用的与生产装置相关的各类图纸、数据、操作规程、管理文件等的准确性和完备性，并且必须与当前的实际装置完全一致。特别是管道仪表流程图(P&ID)必须是最新的、准确的。一是因为工程设计实践中，基础设计阶段和详细工程设计阶段的管道仪表流程图会分为多个版次，因此工程设计阶段的 HAZOP 分析应注意识别并记录管道仪表流程图的版次；二是对已经投入运行多年的在役装置，可能已经发生过多次设备改造、原料更换、工艺路线调整等变更因素，如果企业未能严格落实变更管理的各项规定措施，将会导致装置的改动缺乏准确的记录。当这些改动、变更未能及时在 P&ID 上准确反映，并且没有对这些改动的地方开展过必要的安全审查及评估时，则可能埋下了 HAZOP 分析无法识别的安全隐患。因此对生产运行阶段的 HAZOP 分析一定要注意核实图纸和资料与现场实际情况的一致性。

HAZOP 分析所依据的图纸和资料不仅要准确，还要有完备性的要求。即不能出现任何缺失，必须完整地表达 HAZOP 分析的工艺过程对象。图纸和资料的完备性为 HAZOP 分析团队清晰了解所分析的目标和范围提供了保障。

当对所提供的图纸和资料发生质疑或不能准确理解时，在该装置长期工作的有经验的操作人员或维修人员是提供准确信息和准确解释的来源。由于这种质疑或问题在HAZOP分析整个过程中随时可能出现，因此，邀请有经验的操作人员全程参加HAZOP分析会议是非常必要的。

对于生产运行阶段的装置，还应当关注地下和隐蔽管线或设备的图纸和资料是否准确。如果有疑问，又必须知道相关信息时，可能需要进行现场调查。

第5章 HAZOP分析方法的应用

要点导读

本章介绍了在工程设计阶段、生产运行阶段、间歇生产流程中HAZOP分析方法的应用，同时对面向操作规程以及电气/电子/可编程电子系统与应急计划的HAZOP分析方法的应用亦进行了阐述。为便于读者阅读，本章针对不同应用对象实施HAZOP分析的目标、特点、关键步骤和分析要点给出了应用案例，讲解了组织策划HAZOP分析工作的管理方法，使读者对HAZOP分析方法在企业生产装置的不同生命周期和企业生产管理的不同领域的应用有一个全面、系统、整体的了解。

5.1 工程设计阶段的HAZOP分析

工程设计阶段开展HAZOP分析能分析安全措施的充分性，检查强制性标准在设计中的落实情况。在设计阶段进行HAZOP分析是最理想的选择。本节介绍了基础工程设计阶段开展HAZOP分析工作的关键步骤和分析要点，对“七环节”方法和“七问”方法进行了详细介绍。

5.1.1 工程设计阶段HAZOP分析的目标

工程设计阶段的HAZOP分析一般在基础设计的后期和详细设计阶段进行。基础设计阶段的HAZOP分析主要针对工艺流程。详细设计阶段的HAZOP分析主要针对设备和重大的设计变更。在工程设计阶段开展HAZOP分析对未来二三十年内工艺装置的安全性和可操作性有着至关重要的影响。

工程设计阶段开展HAZOP分析的目标主要有以下方面：

- 检查已有安全措施的充分性，保证工艺的本质安全；
- 控制变更发生的阶段，避免发生较大的变更费用。

一般来说，产品的安全性能和设施主要是在设计阶段决定的。就像人们在购买汽车时会特别注意安全方面的配置，而这些配置都是在汽车的设计阶段决定的。石油化工的设计阶段是石油化工厂的孕育阶段，这一阶段直接决定了工艺装置在未来生命周期内的安全性和可操作性。

(1) 检查已有安全措施的充分性，保证工艺的本质安全

现代的石油化工厂的安全防护策略基本上是按“洋葱模型”进行的。如图5.1所示，由于安全保护层是由里到外的包裹层状结构，故此得名“洋葱模型”。保护层由里到外的排列顺序是：限制和控制措施、预防性保护措施和减缓性保护措施。

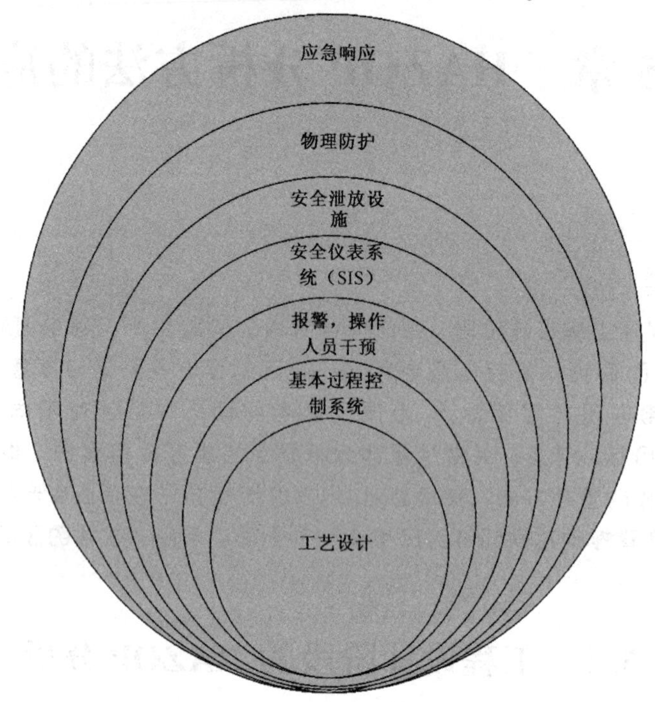

图 5.1 安全防护策略的“洋葱模型”

洋葱模型从里层到外层分别代表如下安全防护策略：

- 工艺设计；
- 基本过程控制系统；
- 报警，操作人员干预；
- 安全仪表系统(SIS)或紧急停车系统(ESD)；
- 安全泄放设施；
- 物理防护；
- 应急响应(水喷淋、应急预案)。

目前先进的、具有国际水平的工艺装置基本上都采用了洋葱模型的防护策略。HAZOP 分析最主要的分析对象是工艺设计的管道仪表流程图即 P&ID。P&ID 几乎包含了洋葱模型的所有安全措施，显示了所有的设备、管道、工艺控制系统、安全联锁系统、物料互供关系、设备尺寸、设计温度、设计压力、管线尺寸、材料类型和等级、安全泄放系统、公用工程管线等关于工艺装置的关键信息。

因此通过分析 P&ID，几乎可以分析所有安全措施的充分性，检查强制性标准规范在设计中的落实情况。

(2) 控制变更发生的阶段，避免发生较大的变更费用

HAZOP 分析的主要目的是检查已有安全措施的充分性。在 HAZOP 分析过程中往往会提出大量的建议安全措施，这些措施的落实需要产生变更费用。工艺装置生命周期和变更导致的费用关系如图 5.2 所示。

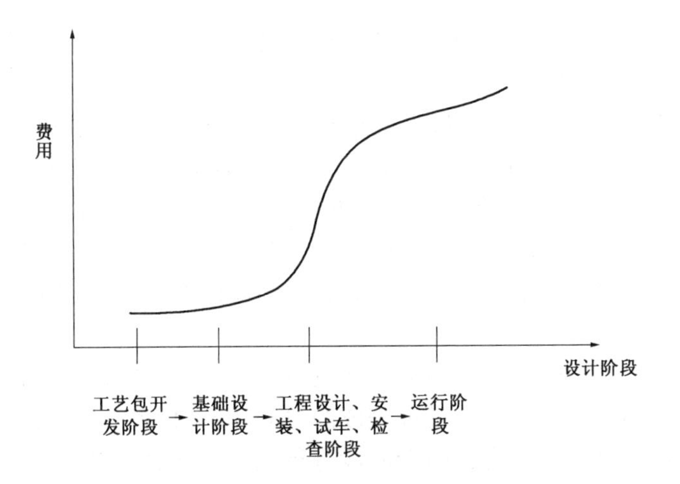

图 5.2　石油化工厂生命周期及设计变更费用比较

从图 5.2 可以看出，如果在设计阶段进行 HAZOP 分析，则执行 HAZOP 分析建议所产生的变更费用是最少的。

5.1.2　工程设计阶段 HAZOP 分析的策划

HAZOP 分析是设计阶段的工艺危险分析工作之一。设计阶段的工艺危险分析基本上分为如下几个阶段，如图 5.3 所示。

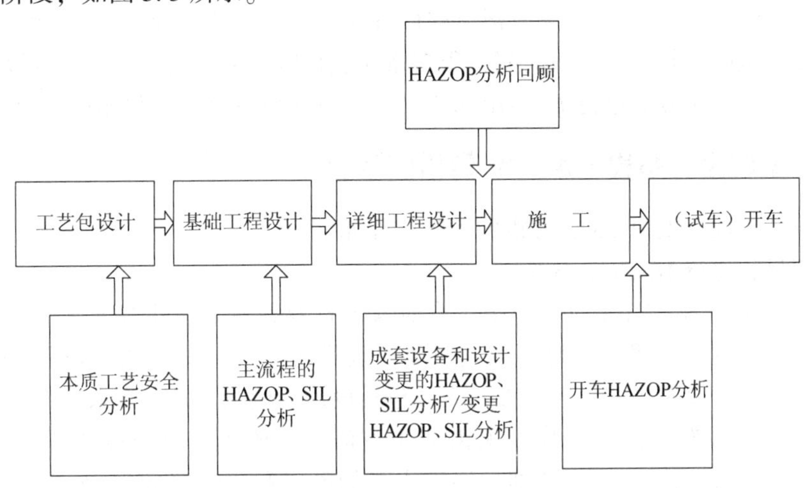

图 5.3　设计阶段的工艺危险分析

一套工艺装置从立项到投产大概经历工艺包设计、基础工程设计、详细工程设计、施工和试车几个阶段。

工程设计阶段包含基础工程设计阶段和详细工程设计阶段。

基础工程设计是在工艺包的基础上进行工程化的一个工程设计阶段。其主要目的是为提高工程质量、控制工程投资、确保建设进度提供条件。在基础设计阶段结束时，所有的技术原则和技术方案均应确定。对于国内一般的设计院或工程公司，在基础工程设计阶段，参加设计的主要专业是工艺专业、自控和设备专业。

详细工程设计是在基础工程设计的基础上进行的，其内容和深度应满足通用材料采购、设备制造、工程施工及装置运行的要求。

基础工程设计阶段的HAZOP分析主要是确定安全设施是否存在以及如何设置和设计。因此基础工程设计阶段的HAZOP分析至关重要。基础工程设计阶段的HAZOP分析主要是针对主流程；详细工程设计阶段的HAZOP分析主要是针对成套设备(如压缩机)以及基础设计阶段HAZOP分析后发生的设计变更。基础设计阶段的HAZOP分析安排在基础设计完成后、政府或上级单位审查前的这一段时间进行，详细设计阶段的HAZOP分析应该在详细设计结束前完成。

从安全管理的完整性来讲，在安装施工前应该进行一个HAZOP分析回顾。这项工作的目的主要是在现场开始安装之前，对此前完成的HAZOP分析进行回顾，从而尽可能避免安装施工阶段可能出现的变更(因为在图纸阶段进行变更要比在安装后再作变更经济得多)。进行HAZOP分析回顾的主要工作内容包括：①回顾此前HAZOP分析提出的建议措施，特别是对未能及时关闭的有关设计的建议措施进行讨论，必要时可以对原有的建议措施进行补充、修改甚至删除。②回顾此前HAZOP分析工作完成后所发生的设计变更，必要时对变更部分重新进行HAZOP分析。③更新HAZOP分析报告，形成一份新版报告。此项工作通常由原HAZOP分析团队负责完成。工作过程中，主要参考此前完成的HAZOP分析记录表进行讨论(讨论过程与正常的HAZOP分析类似)。在安装施工前开展的HAZOP分析回顾通常适用于规模较大的项目，或者是HAZOP分析后经历重大变化的项目。此阶段的工作只对HAZOP分析记录表中有建议项的事故剧情进行讨论，因此可以节约大量的讨论时间。

开车阶段是危险性较大的一段时间，很多重大过程安全事故发生在这个阶段。有些公司会在开车前，针对开车方案进行HAZOP分析，检查开车流程和开车设施的安全性。

5.1.3 工程设计阶段HAZOP分析的步骤

在工程设计阶段开展HAZOP分析的关键步骤如下：

(1) 确定是否进行HAZOP分析

HAZOP分析的需求往往来自于业主，有时候来自专利商。这种需求一般是正式的，而且应当体现在双方的合同里。在合同谈判时要明确是否要进行HAZOP分析，因为HAZOP分析需要人员、工时及费用的投入，参与人员包括设计、业主、操作专家、专利商和厂商人员等各个方面。一般专利商和操作专家由业主方派出。还要注意与设备的供应商事先就HAZOP分析工作在合同里明确，特别是约定人员的派出和落实HAZOP分析建议措施方面的内容。HAZOP分析对项目的进度安排会产生影响。

(2) 确定HAZOP分析所依据的标准

要明确设计标准，这些标准包括工艺设计标准、设备设计标准、控制系统设计标准、安全仪表系统设计标准等。这些标准是设计的基础，也是HAZOP分析的依据。安全措施是否充分、如何落实HAZOP分析提出的意见和建议，主要是以这些标准为依据。设计标准在项目一开始就要确定，业主和设计方要达成一致意见。

在工程设计阶段的初期要确定风险承受标准或可接受的风险标准。这是非常关键的。不同的行业、不同的国家、不同的公司可能有不同的可接受风险标准。可接受的风险标准水平将影响装置的安全水平。

从风险角度来看，任何一个组织面临的风险要么是可以接受的，要么是不可以接受的。许多国际大公司对于自己的风险承受标准有详细的规定和表述，并且在业务活动中执行这些标准。为了方便 HAZOP 分析，很多公司采用风险矩阵。图 5.4 是一个公司采用的风险矩阵，很多公司采用的风险矩阵基本上与此类似。

后果严重等级	事故后果					发生的可能性				
	人员	财产	环境	声誉	法律法规	从未听说过	在国内曾发生过	在行业内发生过	在公司内曾发生过	在工作场所经常发生(次/年)
	People	Assets	Environment	Reputation	Law	A(1)	B(2)	C(3)	D(4)	E(5)
0	无伤害	无损失	无影响	无影响	完全符合					
1	轻微受伤，采取急救措施，不影响工作	经济损失 8 万～80 万元	局部轻微污染	本公司内部影响	不符合本公司标准		低风险区			
2	中度伤害，正常工作受影响	经济损失 80 万～800 万元	区域中等污染，但无持续影响	本省市或本行业内影响	不符合行业标准			中风险区		
3	部分丧失劳动力，造成部分残疾或职业病	经济损失 800 万～8000 万元	区域严重污染或受到投诉	国内范围的媒体影响	潜在的不符合法律法规				高风险区	
4	终身残疾，或造成人员死亡	经济损失>8000 万元	超过国标的大范围污染	国际互联网影响	违反国家法律法规					

图 5.4　风险矩阵实例

（3）确定 HAZOP 分析程序

设计方一般采用业主的或业主认可的 HAZOP 分析程序。HAZOP 分析程序应详细规定如何进行 HAZOP 分析。在该程序里还要规定用何种方法进行 HAZOP 分析。一般认为 HAZOP 分析专指采用“引导词”的分析方法。但有的项目采用“基于经验”的分析方法。一般说来“引导词法”对 HAZOP 分析主席的要求较低一些。“基于经验”的方法对 HAZOP 分析主席要求高，一般是过程安全专家，最好具有实际操作经验。

（4）确定谁来发起 HAZOP 分析

HAZOP 分析工作一般由业主发起，设计单位给予配合。近年来完成的中海壳牌、赛科、扬巴一体化、福建炼化一体化等项目，其 HAZOP 分析都是由业主组织的。

如果业主缺乏组织 HAZOP 分析的经验，也可以由设计单位组织。在这种情况下，业主不仅要密切配合，更要高度重视这项工作，特别是需要得到业主方高层的关注和支持。

设计阶段的 HAZOP 分析也可以由业主委托第三方机构进行，业主及设计单位派人参加。

无论何种情况，设计方都要有一个有经验的人专门负责此事，一般由过程安全工程师负责。

(5) 确定哪些人参加 HAZOP 分析

前面已经对 HAZOP 分析团队的组成进行了详细的介绍。一般来说，工程设计阶段的 HAZOP 分析至少需要以下人员参加：

- HAZOP 分析主席：要具有相对的对立性(第二方、第三方)；
- HAZOP 分析记录员：最好是工艺人员；
- 业主(操作专家)；
- 工艺设计人员；
- 安全工程师；
- 专利商；
- 成套设备制造商(当进行成套设备 HAZOP 分析时)。

(6) 确定 HAZOP 分析时间进度计划

HAZOP 分析的组织者要根据装置的规模、P&ID 的数量和难易程度估算 HAZOP 分析的时间。HAZOP 分析的时间长短直接决定了 HAZOP 分析本身需要的费用。这项工作一般由业主、HAZOP 分析主席、过程安全工程师完成。根据经验，对于中等复杂程度的 P&ID，在采用“引导词法”进行 HAZOP 分析时，平均每天大概能完成 3.5 张。在策划 HAZOP 分析工作时，可以据此对花费的时间进行估计。

HAZOP 分析的耗时一直是国内外关注的问题。传统的 HAZOP 分析采用引导词法，对每一个节点的每一个工艺参数的偏离进行检查和讨论，这是非常消耗时间的过程。以某大型化工工艺装置为例，如果采用传统的 HAZOP 分析，历时在 1 个月以上，这还要考虑采取多团队并行分析的方式。因此，对于比较成熟的工艺过程，即 HAZOP 分析团队成员非常熟悉被分析项目的工艺及设计要求，并且具有专家水平，可以不必采取大范围的引导词法 HAZOP 分析，可以考虑采取更加灵活的，如基于经验的 HAZOP 分析方法。一般情况下，采用基于经验的 HAZOP 分析方法至少可以节省一半的时间。

由于 HAZOP 分析的对象是工艺设备、工艺管线和仪表，HAZOP 分析的结果对于下游专业有很大的影响。这意味着只要 HAZOP 分析没有完成，工艺方面很有可能产生变化。所以在安排工程进度的时候，必须考虑 HAZOP 分析工作对工程进度的影响，提前做好 HAZOP 分析策划和关闭等工作安排的策略。仅仅完成 HAZOP 分析，从 HAZOP 分析的工作量看，还不到一半。更重要的是相关方如何去落实 HAZOP 分析所提的建议。只有落实了 HAZOP 分析建议，HAZOP 分析才有意义。因此关闭的时间也要进行考虑。

(7) 确定 HAZOP 分析需要准备哪些文件

HAZOP 分析所需要的最主要的文件就是 P&ID，一般情况下设计单位需要单独出一版供 HAZOP 分析的 P&ID 文件。

5.1.4 工程设计阶段 HAZOP 分析的要点

对于一个项目而言，进行 HAZOP 分析前要制定一个作业程序，在进行 HAZOP 分析时按作业程序开展工作。这样的一个程序通常由业主制定或由业主认可。前面 5.1.2 主要讨论如何策划一个工程设计阶段的 HAZOP 分析工作，侧重于 HAZOP 分析工作的宏观管理。以下主要讨论 HAZOP 分析作业程序内容，也就是工程设计阶段 HAZOP 分析的要点。

（1）明确 HAZOP 分析的组织者

作业程序要明确项目经理是 HAZOP 分析工作的第一责任人。在实际工作中，项目经理关注此事，体现了项目管理层对此项工作的重视。HAZOP 分析的具体协调与安排等工作，一般由安全工程师、HSE 经理、HSE 工程师、项目工程师等人负责。

（2）明确 HAZOP 分析的研究范围

在 HAZOP 分析程序里要确定对哪些工艺装置、单元和公用工程及辅助设施进行 HAZOP 分析。在作业程序里要明确 HAZOP 分析的主要对象是工艺管道及仪表流程图（P&ID）和相关资料。设计阶段产生的文件种类成百上千，但 HAZOP 分析的对象主要是工艺设计的核心文件，这些文件是过程安全设计最主要的信息载体。

（3）明确 HAZOP 分析的时间段

工艺装置和公用工程主流程的 HAZOP 分析应安排在基础工程设计工作基本完成之后，上级主管部门审查之前进行。这种安排，可以使 HAZOP 分析的结果以及对设计所作的变动能体现在基础工程设计审查文件中。主管部门审查主要是确定投资，因此在主管部门审查前进行，可以考虑 HAZOP 分析带来的投资影响。但是，现在的项目进度安排往往很紧张，特别是国内项目，有些项目的 HAZOP 分析放在详细设计阶段的初期，这就要求准备工作必须充分，并且对 HAZOP 分析提出的建议的关闭策略达成一致意见。

（4）确定 HAZOP 分析组成员

前面已经介绍过，HAZOP 分析主席、HAZOP 分析记录员、工艺工程师、仪表工程师、专利商代表、安全工程师、生产及操作人员代表（业主代表）等是工程设计阶段 HAZOP 分析团队的主要成员。

（5）准备 HAZOP 分析所需资料

HAZOP 分析所需要的主要资料是管道仪表流程图（P&ID）、工艺流程图（PFD）、物料平衡和能量平衡、设备数据表、管线表、工艺说明等文件。这些图纸和资料需要在 HAZOP 分析会开始前准备好。特别是 P&ID，应保证与会人员每人一套。P&ID 要信息完整、符合设计深度要求，以保证分析的准确性。

（6）选择 HAZOP 分析的管理软件

现在的 HAZOP 分析一般都要采用专门的 HAZOP 分析软件，进行记录和管理。要在程序里明确用哪一种 HAZOP 分析软件。国内外都有专业化开发的计算机辅助 HAZOP 分析软件。这些管理软件能有效地帮助记录 HAZOP 分析过程，管理 HAZOP 分析的有关信息，提高分析工作的效率。当然，也可以用普通的办公软件如 Word 或 Excel 进行记录和管理。

（7）HAZOP 分析会议前的准备

在进行 HAZOP 分析会议之前，HAZOP 分析主席和记录员应当提前几天开始工作。他们的主要任务是：检查 HAZOP 分析所需资料是否齐全；与工艺设计人员沟通以便了解更多的信息；初步划分 HAZOP 分析节点（注：有时候划分节点的工作也可以在分析会上进行）；向 HAZOP 分析记录软件里输入一些必要的信息。

（8）进行 HAZOP 分析

前面所述的几点实际上都是准备工作。在 HAZOP 分析会议的第一天，在分析工作正式开始前，HAZOP 分析主席最好对参会人员进行一个简短的 HAZOP 分析方面的培训，即使参会人员已经有很多经验。简短培训完毕后，参会人员一般会介绍自己，让大家知道各成员的工作经验、专业特长以及在 HAZOP 分析中的角色。在接下来的时间里，HAZOP 分析团队成员在 HAZOP 分析团队主席的领导下按 HAZOP 分析程序要求的步骤开展工作。HAZOP 分析基本上按图 5.5 所示步骤进行。

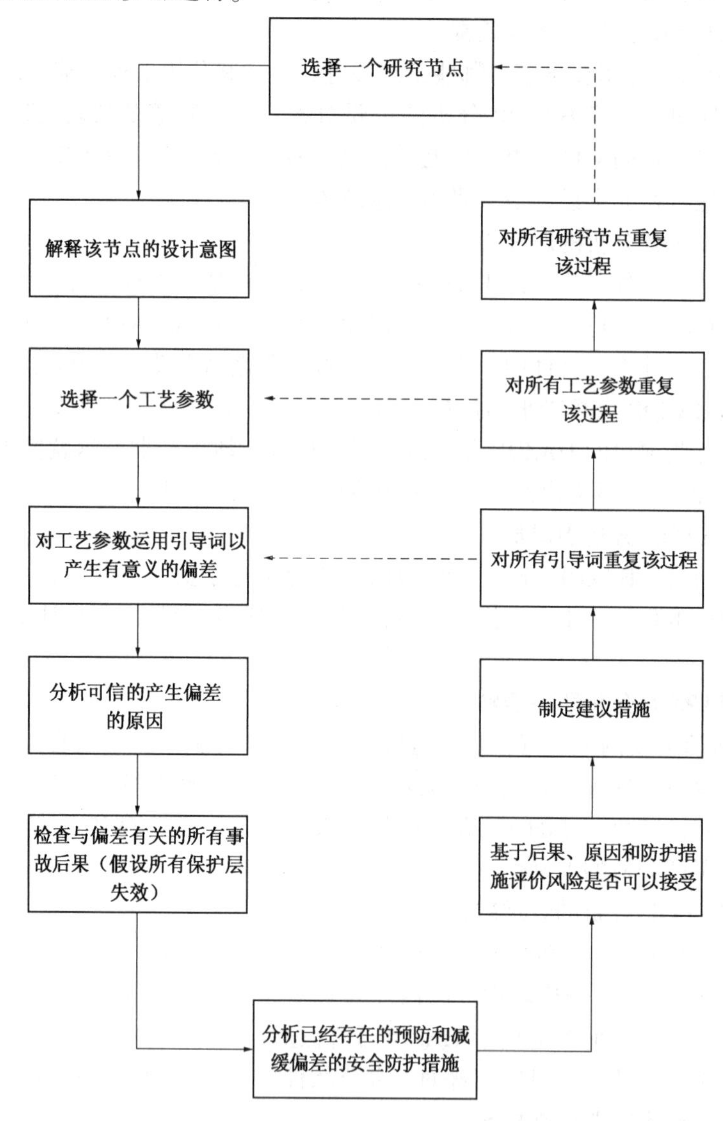

图 5.5　HAZOP 分析步骤

5.1.5　工程设计阶段 HAZOP 分析注意事项

前面的章节已经对 HAZOP 分析的步骤进行了详细的介绍，这里不再重复。下面根据图 5.5 简单介绍工程设计阶段 HAZOP 分析一些需要注意的地方。

(1) 选择一个分析节点

分析节点由 HAZOP 分析主席确定，可以在 HAZOP 分析会之前划分，也可以在开会时当场划分，以参会人员都没有异议为准。分析节点要标在大号的 P&ID 图纸上。大号的 P&ID 图纸一般应悬挂在黑板上或墙上，有时候也平铺在会议桌上，这样参会人员都可以看得见。

（2）解释该节点的设计意图

由设计方的工艺工程师简短解释每一个节点的设计意图。解释时要简洁明了，解释清楚工艺过程即可。在介绍过程中可以随时回答参会者提出的一些问题。要特别注意介绍不同操作工况下的设计意图。HAZOP 分析记录员要记录节点的设计意图。

（3）选择一个工艺参数

一般从最常见的工艺参数开始，如流量、温度、压力、液位和组成等。

（4）对工艺参数运用引导词以产生有意义的偏离

前几章已经进行了详细的介绍，由工艺参数和引导词组合形成偏离，如“流量”+“低”形成“流量低”的偏离。

（5）分析可信的产生偏离的原因

这项工作需要发挥团队的知识和经验。尽管 HAZOP 分析是一个“头脑风暴”的讨论过程，但分析团队仍然要寻找“可信的”的原因，而不是不着边际。比如说，造成管道“流量低”的原因一般有：管路上的阀门误关、控制阀故障、上游泵故障等。这些都是“可信的”原因。但假设天上掉下陨石击中管线造成“流量低”就是“不可信的”原因。参会人员的经验越多，在这方面越容易达成共识。有些设计人员认为正确的设计应该永远不会出问题，其实这是理想化了。操作人员会告诉设计人员所有设计的东西都有可能出问题，理想和现实总是有很大的差距。

（6）检查与偏离有关的所有事故后果（假设所有保护措施失效）

这项工作需要发挥团队的知识和经验。一个偏离造成的最终事故后果主要包括人身伤害、财产损失、环境破坏、声誉下降和违反法律等几种。从安全角度讲，人身伤害的后果需要特别关注。很多有经验的操作人员都会亲身经历或知道一些事故，在进行 HAZOP 分析时要多听取他们的意见。一位有经验的过程安全专家或过程安全工程师在分析事故后果时能给予很大的帮助和支持，特别是在 HAZOP 分析会议上能够较为快速地确定一个较为合理的火灾、爆炸、泄漏可能造成的后果。

HAZOP 分析团队一般能在会议上评估绝大部分的事故后果。在很少的情况下，需要在会后借助专业安全软件进行量化的评估和计算。

在进行后果分析时，要注意工艺装置内人员分布情况在事故状态和平时是有区别的。比如，当装置一台工艺物料输送泵发生大量泄漏时，现场操作人员报警后，有可能设备人员、仪表人员或其他人员到现场检查或了解情况。如果此时发生闪爆，伤亡人数可能会比平常多。在进行后果分析时，要特别注意这一点。有的公司专门有这方面的规定。

需要指出的是，在寻找最终的事故后果时，要假设所有防护措施失效或不起作用，否则就不能正确分析出事故后果。例如，对于丙烯精馏塔，在分析偏离“压力高”可能带来的后果时，即使 P&ID 上已经有了仪表安全联锁系统、安全阀，但在分析后果时要假设联锁系统、安全阀不存在或失效，这样才能得出“压力高”可能导致的后果是“塔系统超压，可能导致设备或管线破裂，工艺物料泄漏，发生火灾或爆炸事故，造成一人或多人伤亡”的后果。

通过这种方式，能够对某种工艺危害的本质安全后果进行正确的分析和评价，从而可以检查已有安全措施(如联锁系统、安全阀等)的充分性，有助于进一步提出建议的安全措施。

和前面分析偏离产生原因类似，在分析偏离可能造成的后果时也要寻找“可信的”后果，而不能过分夸大后果的严重程度。

(7) 分析已经存在的预防和减缓偏离的安全防护措施

人们都知道“安全第一、预防为主”这句安全管理的至理名言，过程安全管理更是如此。危险源、事件、事故、控制措施的关系如图 5.6 所示。

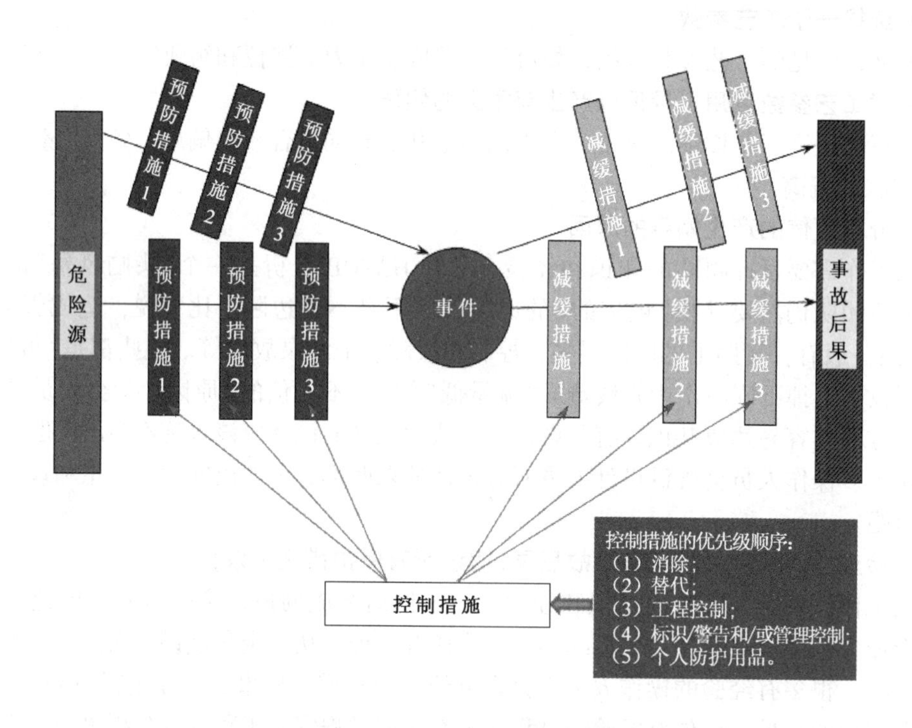

图 5.6　危险源、事件、事故、控制措施的关系图

从危险源到事故发生并不是一蹴而就的。如果仔细分析工艺装置经常发生的火灾和爆炸事故，可以发现其发生路径一般如下：

① 存在危险源(如工艺设备或管线里存在的危险物料)→②某种可以导致“偏离”的原因产生(如容器出口阀门关闭)→③工艺操作状态产生“偏离”(如容器内“压力高”、“液位高”等)→④危险“事件”发生(如容器因超压而破裂导致危险物料泄漏)→⑤泄漏的物料遇到点火源(如静电、明火、高温表面等)→⑥着火、爆炸→⑦造成人员伤害、财产损失、环境破坏等各种后果。

简化一下，事故发生即是按如下“七环节”进行，

① 危险源→②“原因”→③“偏离”→④“事件”→⑤点火源→⑥火灾、爆炸→⑦后果

事故“七环节”的演变路径就是一种简单的链状事故剧情，详见第 2 章有关内容。

工程设计阶段解决安全问题的出发点一定要放在④“事件”之前的三个环节。在 HAZOP 分析过程中也是这个思路，即预防措施优先于减缓措施。无论是检查现有安全措施是否充

分，还是提出建议措施，HAZOP分析团队成员要尽量按以下思路考虑，我们简称为“7问”法。

① 能否从根本上消除该危险源？→②如果不能消除“危险源”，能否用一种危险性更小的物料代替目前的物料？→③能否减少“危险源”的数量？→④能否消除产生“偏离”的“原因”？→⑤能否减少“原因”产生的频率？→⑥能否消除“偏离”？→⑦能否减少“偏离”的程度？

从风险控制策略的角度，上述优先级是从高到低的。这种风险控制策略不仅仅是HAZOP分析人员需要掌握的，也是一个工艺设计人员需要掌握的。

下面举一个例子解释这种思路。图5.7是一个丙烯精馏塔操作单元示意图。为了方便，本图省略很多细节。

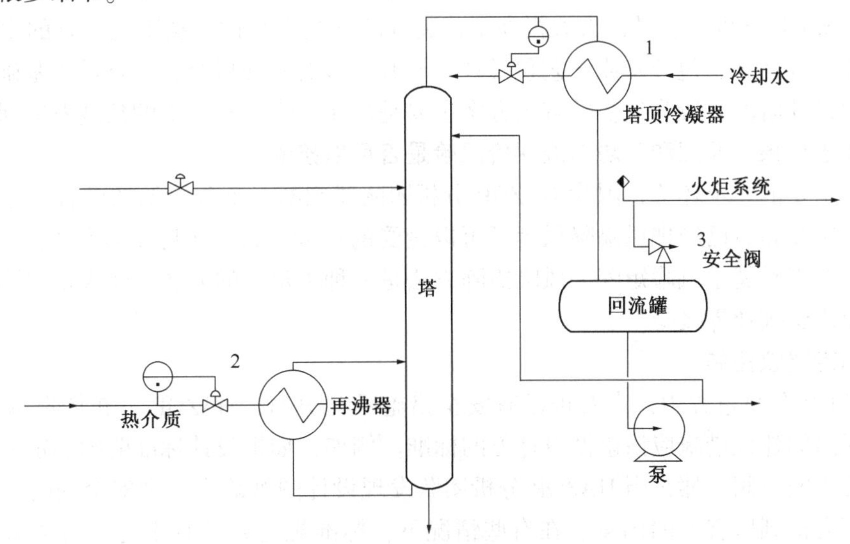

图5.7 丙烯精馏塔操作单元示意图

如果对该操作单元进行HAZOP分析，分析的偏离是“压力高”。

根据上面介绍的“七环节”方法，描述事故发生的事件序列如下：

① 危险源(塔系统存在大量丙烯)→②“原因”(塔顶冷却水丧失而热介质继续向再沸器提供热量，见图中“1”、“2”处)→③“偏离”(塔系统发生“压力高”)→④“事件”(由于系统超压塔系统某处发生大量泄漏)→⑤点火源(装置存在点火源)→⑥火灾、爆炸(泄漏的物料在装置内发生蒸气云爆炸)→⑦后果(造成人员伤害和财产损失)。

在检查已有安全措施和提出建议的安全措施时，根据“7问”方法进行分析：

① 能否从根本上消除该危险源？(不能。该系统的危险源是丙烯，是产品之一，显然无法消除)→②如果不能消除“危险源”，能否用一种危险性更小的物料代替目前的物料？(不能。理由同上)→③能否减少“危险源”的数量？(有可能。HAZOP分析人员要检查塔釜和回流罐的停留时间是否合适，如果停留时间过长，则系统可能存在更多的物料，因此可以考虑缩短停留时间增加安全性)→④能否消除产生“偏离”的“原因”？(塔顶冷却水丧失这种情形是可能发生的，无法消除；但可以在“偏离”发生前阻止热介质继续向再沸器提供热量，因此HAZOP分析人员可以检查设计有无这种措施)→⑤能否减少“原因”产生的频率？(“塔顶

循环水丧失”这种“原因”，无法消除，但是可以设计更加可靠的循环水系统，使这种情形发生的频率大大降低)→⑥能否消除“偏离”？(“偏离”是一个相对量。这里的“偏离”是“压力高”，是指相对于塔系统的操作压力或设计压力而言的。如果能够提高设备的设计压力，那么这个“偏离”就会相对减小甚至消失，所以 HAZOP 分析人员要检查在设计上能否通过提高设计压力的方式消除“偏离”；前面已经分析过可以采取及时切断热介质继续向再沸器提供热量的方式，消除“偏离”。那么 HAZOP 分析人员要检查是否有这方面的安全措施，比如说可以设置联锁系统进行切断)→⑦能否减少“偏离”的程度？(这里的“偏离”是“压力高”，为了降低系统压力，可以设计安全泄压设施如安全阀、爆破片等安全设施；在事故工况下继续向塔内进料加剧了“压力高”的程度，因此可以考虑设计联锁设施切断塔的进料)。

通过采取这种方式，HAZOP 分析团队能够对关键的安全措施进行详细的检查和分析，从而保证 HAZOP 分析的质量，大大提高工艺装置的本质安全性。从工艺装置的生命周期来看，①、②、③在工艺包开发或工艺包设计阶段有更多的实现机会；一旦进入基础工程设计或详细工程设计阶段，较为现实的解决方案主要是从④、⑤、⑥、⑦的角度考虑问题了。

(8) 基于后果、原因和预防措施评价风险是否可以接受

这是很重要的一个环节，因为 HAZOP 分析团队要判断一个危险源的已有安全措施是否充分，从而判断是否已经把风险降低到了可以接受的程度。目前国际上进行 HAZOP 分析时最常用的一个工具就是风险矩阵。风险矩阵方法是一种半定量的方法，经大量实践证明是有效的，已经广泛被业界接受。

(9) 制定建议措施

在 HAZOP 分析过程中，当发现已有安全措施不充分时，HAZOP 分析团队应给出建议措施。所提出的建议措施应该遵循设计方的标准。例如，如果设计标准明确规定在压力容器上必须考虑双安全阀，那么当 HAZOP 分析团队发现设计图纸缺少一个安全阀时，建议增加一个安全阀会得到所有人的同意。在有些情况下，标准规范并没有规定如何去做，HAZOP 分析团队就要通过讨论确定建议的安全措施。因此，如前所述，HAZOP 分析团队成员必须有相当的经验、知识并且熟悉设计惯例，以及在会议过程中有做出决定的能力。有时候，在参会人员无法达成一致时，HAZOP 分析主席往往会决定会后由相关方对该问题进行专题研究。这样可以使 HAZOP 分析得以继续进行。

(10) 用尽其他引导词重复前述步骤

有时候不同的引导词产生的事件和后果是一样的，为了节省时间，可以直接在记录表格里注明，如“见上面‘流量低’工况”。

(11) 对所有工艺参数重复上述步骤

即对所有的工艺参数重复上述步骤(3)~步骤(10)。

(12) 遍历所有节点重复上述步骤

HAZOP 分析会议是非常消耗精力的过程，因此要在每天的会议过程中安排适当的会间休息。每天 HAZOP 分析的时间以不超过 4~6 小时为宜。在每天 HAZOP 分析会议的结尾，HAZOP 分析主席一般会组织参会人员审核当天的工作，重点是审核 HAZOP 分析发现的问题及建议，确保当天的分析成果得到参会人员的认可。在接下来的几天甚至几周的时间里，除了简短的培训外，HAZOP 分析的主要工作基本上和第一天是一样的。

(13) 编制 HAZOP 分析报告

HAZOP 分析结束后，应尽快编制 HAZOP 分析报告。HAZOP 分析主席是 HAZOP 分析报告编制的负责人。但实际的整理和文字工作一般由记录员完成，HAZOP 分析主席负责报告的审查工作。HAZOP 分析报告初稿完成后，要征求所有参会人员的意见。在吸收采纳参会人员的意见后，更改后的报告再次发给与会人员审核，直至没有意见。

(14) 追踪建议措施的落实

HAZOP 分析建议的落实对于整个 HAZOP 分析工作来讲是最重要的一项工作，也是最难的工作。在 HAZOP 分析的过程中，分析团队提出的任何建议都应该分配给某一个参会的人员并明确建议落实的完成时间。HAZOP 分析建议一般涉及到 P&ID 的更新，因此 HAZOP 分析完后设计组应出一版新的 P&ID。属于设计阶段的建议必须在设计阶段关闭，属于制定操作规程方面的要正式移交给业主。一般来说，业主方和设计方都要有一个 HAZOP 分析工作的协调人。特别是设计方要有一名专人负责 HAZOP 分析建议的关闭工作。这项工作一般由设计团队的过程安全工程师或 HSE 工程师担任。他们的主要工作是检查建议的责任方对 HAZOP 分析提出的某项建议的落实情况并进行记录。负责定期发布建议措施的跟进报告，向业主、HAZOP 分析参会人员、项目管理层汇报哪些建议已经关闭、哪些建议仍然处于开放状态。这是一项长期的工作，有些建议在设计阶段的末期才能关闭。总之，在设计阶段必须落实那些应该在设计阶段解决的建议。

(15) 发布终版的 HAZOP 分析报告

在所有建议都得以落实后，在适当的时机，项目组应召开 HAZOP 分析建议的关闭会议，一般由业主、工艺工程师、安全工程师参加。他们对照 HAZOP 分析所提出的建议和更新后的 P&ID 和其他文件，逐条进行验证。全部建议得到验证并确认落实后，项目组应出最终版的 HAZOP 分析报告，报告应含有建议的落实情况。终版的 HAZOP 分析报告一般应经业主书面认可。这意味着设计阶段的 HAZOP 分析工作正式结束。

(16) 保留记录

要根据项目要求对 HAZOP 分析报告和分析用的 P&ID 进行归档保存。完整报告应交给业主。一方面，业主要继续落实需要在操作阶段执行的建议。另一方面，HAZOP 分析报告是业主操作、培训和制定操作规程的重要文件之一，也是在役装置进行 HAZOP 分析的基础文件之一。

5.2　生产运行阶段的 HAZOP 分析

生产运行阶段的装置，特别是历史较长的生产装置，由于在其建设时期的过程安全技术相对落后、安全要求及标准较低，加之存在制造加工技术和设备材质等缺陷，故在其工艺系统中埋下了安全隐患；另外，大部分企业 HSE 管理体系尚未有效建立和实施，对风险的识别和控制能力相对有限。这些都是生产运行阶段进行 HAZOP 分析需要重点关注和评估的内容。

5.2.1　生产运行阶段 HAZOP 分析的目标

处于生产运行的装置称为在役装置。在役装置有的在设计阶段开展过 HAZOP 分析，有的(大多数)在设计阶段没有做过 HAZOP 分析。由于技术和安全标准在进步，无论以前是否做过 HAZOP 分析，对在役装置每隔几年做一次 HAZOP 分析都是非常有必要的。

在生产运行阶段实施 HAZOP 分析，可以全面深入地识别和分析在役装置系统潜在的危险，明确潜在危险的重点部位，确定在役装置日常维护的重点目标和对象，进而完善针对重大事故隐患的预防性安全措施。这样，通过生产运行阶段的 HAZOP 分析可以将企业安全监管的重点目标更加具体化，更加符合企业在役装置的实际，有助于提高安全监管效率。生产运行阶段的 HAZOP 分析是企业建立隐患排查治理常态化机制的有效方式。

生产运行阶段 HAZOP 分析的目标主要有以下几个方面：

(1) 系统地识别和评估在役装置潜在的危险，排查事故隐患，为隐患治理提供依据；

(2) 评估装置现有控制风险的安全措施是否足够，需要时提出新的控制风险的建议措施；

(3) 识别和分析可操作性问题，包括影响产品质量的问题；

(4) 完善在役装置系统过程安全信息，为修改完善操作规程提供依据，为操作人员的培训提供更为结合实际的教材。

5.2.2 生产运行阶段 HAZOP 分析的特点

对于生产运行阶段的 HAZOP 分析而言，一个重要的特点就是装置已经建成并在役运行多年。对装置而言，可能已经进行过技术改造；或进行过多次的工艺变更；曾经发生过设备故障、操作失误、未遂事故等。有的企业由于在工艺变更后的相关信息没有及时收集、归档，在设计阶段形成的 P&ID、图纸、数据、过程安全信息等内容可能与现场实际情况不符。

与设计阶段的 HAZOP 分析相比，由于装置在役运行，一个较为有利的条件就是所有分析的结果都可以与现场实物进行比较验证，在 HAZOP 分析过程中可以比较方便地开展现场分析，需要时可以到现场核实有关问题。

鉴于以上特点，在实施生产运行阶段的 HAZOP 分析时，要注意以下几个方面：

(1) 生产运行阶段的 HAZOP 分析不是重新设计工艺流程，而是基于现有工艺流程及生产路线下的系统性风险评估，应在这样的前提下考虑安全措施。

(2) 要充分理解装置工艺流程的设计意图，及其相关的目的和要求。由于很难要求装置的原设计人员参与分析，一些流程的设计意图需要由现场经验丰富的技术管理人员和操作人员来解释。因此，这些人员的参加非常必要。

(3) 要对装置已经历过的那段运行历史以及生产过程中暴露出的各类问题有一个全面的了解。如曾发生的设备故障、操作失误、未遂事故等。

(4) 工厂安全性与可靠性设计，通常是依据当时的设计规范或标准。生产运行阶段的 HAZOP 分析，应当审查这些相关规范或标准是否继续有效。

(5) HAZOP 分析所强调的是识别潜在危险，同时找出降低危险的安全措施。至于如何采取更经济有效的措施，可能还需要结合其他方法作进一步评估。

(6) 要检查并确认分析所依据的过程安全信息等资料与实际情况的符合性。如果所依据的资料与现场实际的符合性有较大差距时，应在资料完善之后再开展 HAZOP 分析。

5.2.3 生产运行阶段 HAZOP 分析的应用场合

生产运行阶段 HAZOP 分析在以下几种情况下进行：

（1）生产运行阶段的改造项目

改造项目 P&ID 确定之后的基础设计或详细设计阶段需要 HAZOP 分析。时间安排应该尽量充裕一些，以期 HAZOP 分析能够系统深入，设计能更臻完善。此时进行 HAZOP 分析能及时改正错误，降低成本，减少损失。对于大型技术改造项目实施 HAZOP 分析可参照工程设计阶段 HAZOP 分析的程序和做法。

（2）工艺或设施的变更

当工艺条件、操作流程或机器设备有变更时，需要进行 HAZOP 分析以识别新的工艺条件、流程、新的物料、新的设备是否带来新的危险，并确认变更的可行性。HAZOP 分析可以考虑成为企业变更管理的一项规定。

变更管理的一项重要任务是对变更实施危险审查，提出审查意见。这正是 HAZOP 分析的强项。通过 HAZOP 分析还可以帮助变更管理完成多项任务，例如，更新 P&ID 和工艺流程图；更新相关安全措施；提出哪些物料和能量平衡需要更新；提出哪些释放系统数据需要更新；更新操作规程；更新检查规程；更新培训内容和教材等。

（3）定期开展 HAZOP 分析

欧美国家规定，对生产运行阶段的装置应当定期开展 HAZOP 分析，对高度危险装置，建议每隔 5 年应开展一次 HAZOP 分析。

我国某大型石化企业规定：在役装置原则上每 5 年进行一次 HAZOP 分析；装置发生与工艺有关的较大事故后，应及时开展 HAZOP 分析；装置发生较大工艺设备变更之前，应根据实际情况开展 HAZOP 分析。

表 5.1 是国外某公司对在役装置进行 HAZOP 分析周期的规定。

表 5.1　某企业生产运行阶段 HAZOP 分析周期

HAZOP 分析周期	高度危险装置	中度危险装置	低度危险装置
第二次 HAZOP 分析	开车或初次分析后的 5 年	开车或初次分析后的 6 年	开车或初次分析后的 7 年
第三次 HAZOP 分析	先前分析后的 6 年	先前分析后的 8 年	先前分析后的 10 年
随后的 HAZOP 分析	先前分析后的 7 年	先前分析后的 10 年	先前分析后的 12 年

注：（仅供参考）：

① 高度危险的装置是指系统的装量含有以下物料和压力范围的单个装置：

- 物料质量超过 1t，蒸气压力高于 50bar(g)；
- 易燃物料质量超过 10t，蒸气压力高于 5bar(g)；
- 易燃物料质量超过 200t，蒸气压力高于 1bar(g)；
- 易燃物料质量超过 10000t，蒸气压力高于 0bar(g)；
- *IDLH*(立即威胁生命和健康的浓度)低于 10ppm 的物质；
- 物料质量超过 10t，固有水域危险因素较高。

② 中度危险的装置是指危险程度介于①和③之间的任何装置。

③ 低度危险的装置是指某一单一系统的装量含有以下物料的一个装置：

- 物料的蒸气压力均不高于 20bar(g)；
- 易燃物料的质量低于 1t，蒸气压力高于 5bar(g)；
- 易燃物料的质量低于 10t，蒸气压力高于 1bar(g)；
- 易燃物料的质量低于 100t，蒸气压力高于 0bar(g)；
- 物料的 *IDLH*(立即威胁生命和健康浓度)均不低于 1000ppm；
- 物料均无中度或高度固有水域危险因素。

5.2.4 生产运行阶段 HAZOP 分析的组织与策划

生产运行阶段的 HAZOP 分析，一般由企业提出并组织实施，也可以委托专业的安全评价或技术咨询价机构来做。企业生产运行阶段的 HAZOP 分析报告，在有些国家，是需要报政府部门备案的，政府将重点监管高风险项目的整改关闭与安全措施落实情况。

由专业安全评价或技术咨询机构来实施生产运行阶段的 HAZOP 分析，其优点是：

（1）分析所占用的时间比较紧凑，相对较短；

（2）HAZOP 分析工作具有一定的独立性；

（3）可以把别人好的做法和经验带给企业；

缺点是：

分析成本相对较高；咨询机构可能对企业的管理模式、操作规程、实践经验不熟悉；企业商业机密的保密要通过合同约定。

由企业自主开展生产运行阶段的 HAZOP 分析，其优点是：

（1）分析不受时间限制；

（2）分析成本低；

（3）有利于保密；

（4）企业员工参与分析活动，有利于企业管理人员、技术人员和操作/维修人员充分了解工艺设计意图，了解工艺过程的危险，学习相关的知识和技术，树立更完整的安全意识，对于 HAZOP 分析建议措施的落实也非常有利。

缺点是：

如果方法不当，组织不力以及可能存在的思维定势会影响分析的结果和分析的质量。

在国际上，石化行业的大型跨国公司一般都有自己的专业化 HAZOP 分析团队。我国企业应当积极培育建立自己的专业化 HAZOP 分析团队，自主开展生产运行阶段的 HAZOP 分析。

当生产运行阶段的 HAZOP 分析由企业自己组织时，企业首先要制订 HAZOP 分析任务书或称为工作方案，以确定分析工作的目的，分析项目的范围，需要的资料，参加的人员，时间安排等，并确定 HAZOP 分析团队主席。方案在征求本企业各相关部门的意见后，由企业主管负责人批准实施。这样，HAZOP 分析工作才能得到各有关方面的配合与支持，人员、资料、时间等也能得到保证。

当企业委托专业的安全评价或技术价机构来进行生产运行阶段的 HAZOP 分析时，HAZOP 分析的任务书或工作方案，可由企业与 HAZOP 分析承担方协商制定。

下面是某石化公司自己组织开展生产运行阶段 HAZOP 分析任务书的示例。他们的做法是：由企业 HSE 部门作为发起人，负责牵头制定工作方案并组织实施。即先由企业 HSE 部门提议，经与装置所在车间协商并确定 HAZOP 分析团队主席后，由三方共同制定、上报 HAZOP 分析任务书，经企业主管负责人批准后实施。

生产运行阶段 HAZOP 分析任务书示例

______项目/装置 HAZOP 分析任务书

目的：

分析识别生产运行阶段________装置存在的潜在危险并确认可行的解决方案，提出供参考的可操作性的改进措施。

范围：

包括与________装置所有相关工艺设备的分析，从装置的界区输入端开始，直到界区输出端为止。

需要的信息资料：

(1) 管道和仪表控制流程图(P&ID)；
(2) 工艺流程图(PFD)；
(3) 工艺技术规程；
(4) 热平衡和物料平衡；
(5) 装置及设备平面布置图；
(6) 管道数据表、设备数据表；
(7) 铅封阀台账；
(8) 装置使用的危险化学品 MSDS；
(9) 标有安全阀最大荷载的安全阀门规格表；
(10) 必要的泵性能曲线图；
(11) 压力容器数据(最大压力和温度，以及临界操作温度)；
(12) 工艺说明及操作规程、控制及停车原理说明；
(13) 报警设置点和优先次序，装置报警联锁台账；
(14) 历次事故(事件)记录或调查报告，国内同类装置的事故案例；
(15) 装置的操作规程和相关规章制度等资料；
(16) 装置历次安全评价报告(包括 HAZOP 分析报告)。

会议时间和地点：

(1) HAZOP 分析时间为____至____。
(2) 分析地点为________

本任务书经过各部门负责人签字同意，分析会议期间，团队成员应安排好各自的工作，不得缺席。

需要的人员：

(1) 分析团队主席(人员姓名)。
(2) 记录员及会务组织(人员姓名)。

(3) 生产装置生产主管或工程师(人员姓名)。
(4) 设备工程师或代表(人员姓名)。
(5) 技术代表(人员姓名)。
(6) HSE 技术专家(人员姓名)。
(7) 操作人员，包含班长和操作骨干(人员姓名)。
(8) 其他需要临时召集的人员(包括但不限于)：

- DCS 主管或工程师(人员姓名)；
- 仪表主管或工程师(人员姓名)；
- 静设备主管或工程师(人员姓名)；
- 动设备主管或工程师(人员姓名)；
- 环保主管或工程师(人员姓名)；
- 电气主管或工程师(人员姓名)。

发起人：
(签名)：

团队经理/车间主任：
(签名)：

HAZOP 分析主席：
(签名)：

5.2.5 生产运行阶段 HAZOP 分析的成功因素

(1) 选好 HAZOP 分析团队主席

生产运行阶段的 HAZOP 分析需要一位优秀的 HAZOP 分析主席。HAZOP 分析主席不仅要掌握 HAZOP 分析的方法，还需要有较强的组织会议的能力和沟通能力，同时还应当拥有比较丰富的生产和操作实践经验。HAZOP 分析主席只有将能力、技术和实践经验充分地结合才能有效地组织团队完成 HAZOP 分析。为确保 HAZOP 分析的质量，有的企业建立了选择 HAZOP 分析主席的内部标准，对 HAZOP 分析主席在工厂工作的年限、从事 HAZOP 工作的年限等有明确的规定。国外的 HAZOP 分析主席很多都是从装置操作工、技术员、工程师等一步步成长起来的。

该 HAZOP 分析主席应当接受过系统的 HAZOP 分析培训，且此前曾作为分析团队成员参加过多次 HAZOP 分析，同时 HAZOP 分析主席必须熟悉此类装置的运行并具有操作方面的经验和知识。

如果装置原来进行过 HAZOP 分析，再次进行分析时，不宜再选择前一次的 HAZOP 分析主席担任本次分析团队的领导，这样有助于克服思维定势。

(2) 团队成员应能代表多种相关技术专业并具有一定的经验

生产运行阶段的 HAZOP 分析团队一般应包括以下成员：

- HAZOP 分析主席　经过专业的培训，熟练掌握 HAZOP 分析方法，熟悉此类装置的运行并具有操作方面的经验和知识；

- 工艺工程师　熟悉所分析的工艺，P&ID，基本设计规范；
- 设备工程师　熟悉设备原理，设备安全管理；
- 仪表工程师　具有设备及控制系统方面的知识和经验；
- 操作技师　熟悉标准操作步骤及标准；
- 其他人员　根据工艺装置的特点所需要的其他专业技术人员，有的可以临时召集。如设计工程师、环境工程师、DCS 专家、HSE 专家、工艺/化学专家、工业卫生专家、运行团队主管、维修主管。

HAZOP 分析团队成员应具备一定的能力和经验，以适应分析工作的需要。表 5.2 是生产运行阶段 HAZOP 分析团队成员经验能力参考表，在选择团队成员时可供参考。

表 5.2　生产运行阶段 HAZOP 分析小组经验能力参考表

团队成员的关键技能	建议				要求
	主席	工艺设计/技术人员	运行人员	技术联系人	团队成员
经验级别/年	10*	5*	>5	1/2	20(小组总数)
了解国内外安全政策和设计惯例	必须	良好	良好	基本	必须
接受正式有关 HAZOP 分析的培训	必须	任选	任选	任选	必须
参与其他 HAZOP 分析	必须	任选	任选	任选	必须
具有当前 HAZOP 分析装置的运行经验	基本	基本	必须	基本	必须
了解装置设计规程和惯例	基本	必须	基本	基本	必须
了解所使用的风险评估方法	必须	良好	基本	任选	必须

注：①必须指对 HAZOP 分析必须具有的技能；②基本指对需要的技能有一般的认识和理解；③良好指对需要的技能有良好的认识和理解；④任选指可以不需要；⑤*指 HAZOP 分析团队负责人和工艺设计/技术人员一起工作至少应具有 15 年的经验。

选择团队成员专业构成时还需要考虑装置类型。例如，分析加氢裂化装置、聚丙烯装置、医药生产线、钢铁冶炼厂和海上平台的团队构成应当不同。

(3) 充分发挥装置技术人员的作用

由于在役装置可能已经运行数年乃至几十年的时间，对装置运行期间情况的了解非常重要。企业自己组织开展的生产运行阶段的 HAZOP 分析，其团队成员要尽可能从负责本装置/单元生产的技术、设备、操作专家中选择。他们对装置的运行情况最为熟悉和了解，也最关心本装置/单元可能存在的风险，他们的参加有利于保证 HAZOP 分析的质量，对后续安全措施的落实也是非常有利的，如能请本装置/单元有经验的老师傅、老班长参与到 HAZOP 分析中来，对分析工作也是很有益的。要注意充分发挥这些装置技术人员的作用，在工作安排上要保证这些人员能够全程参与。

(4) 分析所依据的过程安全信息等资料要与实际情况相符合

过程安全信息的完整性和准确性对生产运行阶段的 HAZOP 分析极其重要，特别是 P&ID 必须符合现场的实际情况。生产运行阶段的装置已经历经了多年甚至几十年的生产运行，如果企业未能严格落实变更管理的各项措施，将会导致工艺、装置的改动缺乏准确的记录。当这些改动未能在P&ID上准确反映，并且没有对这些改动的地方开展必要的安全审查及评估时，就可能埋下了HAZOP分析无法识别的安全隐患。

（5）重视现场评价

对在役装置开展HAZOP分析，一个较为有利的条件就是几乎所有的分析结果都可以进行现场验证。因此开展现场HAZOP分析是很有用的。为此，生产运行阶段HAZOP分析的工作地点最好选择在距离装置较近的地方。开展现场HAZOP分析的一般做法是顺着装置的流程从入口端一直走到出口端。现场评价能识别：

- 中央控制室和其他建筑物的位置，危险物质的存储，高风险的设备，例如：泵、压缩机和高温设备；
- 设备通道和间隔；火灾监控覆盖是否被其他改变所影响；
- 关键的设备和操作，尤其是对于重要的机组；
- 安全阀的安装(水平隔离阀、液体收集器的潜在危险，波纹管安全阀泄放)；
- 铅封阀颜色标识，铅封管理的应用；
- 采样和排水带来的危险；
- 图纸出现争议和不符的地方都可以及时在现场得到验证。

（6）合理安排HAZOP分析会议时间

由于生产运行阶段的HAZOP分析团队成员大多是日常生产管理的骨干，在企业组织开展HAZOP分析时，要考虑这些团队成员的工作特点，统筹安排HAZOP分析会议的时间，既要保证这些人员参加HAZOP分析会议，又要兼顾正常生产。

某企业的做法是：HAZOP分析的时间要错开每天处理日常生产事务的高峰时间。如上午分析的时间安排在10时开始，目的是为了给参加HAZOP分析的那些骨干留出在单位处理工作的时间。

某企业的HAZOP分析时间安排如下：

8:30~10:00　专业技术人员去处理自身日常工作。HAZOP分析主席、记录员和协调员做HAZOP分析工作准备；车间在工作例会中关注前一天HAZOP分析结果中涉及的问题并安排整改工作。

10:00~12:00　进行HAZOP分析。

13:00~16:00　进行HAZOP分析。

16:00~17:00　HAZOP分析主席、记录员和分析协调员做当日分析工作小结，专业技术人员去处理各自日常工作，车间领导及时了解当天分析结果识别出的装置/单元存在的风险问题。

从日程安排可以看出，一方面兼顾了HAZOP分析和日常生产工作，另一方面参与分析的专家会及时把问题带回生产车间进行整改落实。这样，往往HAZOP分析还未结束，提出的问题已完成整改了大约1/5。

（7）生产运行阶段HAZOP分析的其他经验做法

- 在HAZOP分析开始时，HAZOP分析主席应向团队成员说明分析的范围和目标，明确工作要求、时间安排等；最好做一些必要的培训，让熟悉工艺的人员进行工艺流程介绍；讲解装置涉及到的化学反应的原理等。

- HAZOP分析主席应引导大家畅所欲言。当出现意见冲突时，可以将有争议的问题推后处理。
- 在HAZOP分析过程中可参考应用国外企业总结的HAZOP分析要点清单。
- HAZOP分析记录一定要准确、全面，并应采用规范统一的格式。记录员应在分析会前指定到位，记录员应在HAZOP分析工作表上准确记录团队关注的问题。若有不明确处，记录员需要进行确认。

表5.3为一个在役装置HAZOP分析建议表案例。这是一个基于经验式的HAZOP分析案例(CCPS又称其为纯建议清单)。报告格式简洁，只记录了存在的问题(包括危险剧情描述)和整改意见。清单将问题编号与P&ID上的标识对应，一目了然，便于追溯和查找。

表5.3　生产运行阶段加氢装置HAZOP分析结果纯建议清单

序号	问题描述(包括危险剧情描述)	P&ID	风险等级	整改意见
S-111	由于炉F-4001燃料气没有独立的紧急切断阀，进料流量过低时存在炉管干烧的可能	PR1/4	2	考虑将燃料气管线上增加独立的进料联锁紧急切断阀
S-112	由于炉F-4001没有一套独立完整的长明灯线(副线没有阻火器，长明灯上没有独立的紧急切断阀)，在加热炉故障时存在事故恶化的可能	PR1/4	2	考虑将长明灯使用的燃料气从燃料气调节阀上游引出，在长明灯线上设置紧急切断阀，并在副线上增加阻火器
S-115	奥氏体不锈钢存在连多硫酸腐蚀，需要中和清洗。公司未明确规定清洗程序，相关设备(如：加氢反应器和炉管等)存在腐蚀问题	PR1/4	2	考虑装置停工时打开容器前增加中和清洗过程
S-118	换热器E-4002/1-2管、壳程的设计压力分别为10.0MPa和2.5MPa，不符合目前项目技术规定对一侧比另外一侧对应设计压力更高的管壳式换热器，其低压侧的设计压力应考虑提高到高压侧设计压力的100/125，这样就可以不需要考虑在管子破裂的情况下(在低压侧设计卸放)的要求。在E-4005/1-2存在类似的问题	PR1/5、6	2	考虑评估是否需要将换热器进行更换，以满足目前的项目技术规定的要求
S-101	由于在装置进料边界阀两端放空阀(为螺纹连接阀)没有有效的隔离措施，在放空阀泄漏情况下，存在发生事故的可能。 在装置其他放空阀的地方存在类似隐患问题	PR1/2 共性问题	3	考虑在该放空阀加丝堵，如果放空阀为法兰连接，应加盲板
S-109	由于在蒸汽三阀组处没有加盲板和设置单向阀，存在污染蒸汽的可能	PR1/2	3	考虑将蒸汽三阀组增加盲板和单向阀
S-110	由于泵P-4001/1、2、3出口管路未改造管段都是10.0MPa等级的管段，而前后改造管段都为16.0MPa等级，该管段设计不一致	PR1/5	3	考虑将未改造管段统一升级为16.0MPa等级
S-127	安全阀前后没有排凝，不符合项目技术规定要求(在压力卸放阀和进口切断阀之间应装排净阀，在压力卸放阀和出口切断阀之间应装排净阀)	PR1/2	3	考虑评估是否在安全阀前后阀门之间加排净阀

续表

序号	问题描述(包括危险剧情描述)	P&ID	风险等级	整改意见
S-128	汽提塔两个安全阀设定压力为0.53MPa，不符合安全阀阶梯定压的原则，且两个安全阀无在线备用安全阀，另由于罐内气体硫化氢含量较高，温度在120~140℃之间，安全阀旁路应设置双阀。	PR1/7	3	考虑将安全阀定压值设置为阶梯式，并增加在线备用安全阀，安全阀旁路设置双阀。 经确认，两个安全阀设计为一开一备(现场为两个安全阀都开)，按照设计要求恢复即可。
S-135	为满足低点排凝到废胺罐的要求，安全阀旁路平时直通大气，存在发生事故或人身伤害的可能。 在外送废胺液时，关闭安全阀旁路，用氮气压送出装置	PR1/11	3	考虑将安全阀出口由排大气改为通火炬分液罐密闭排放
S-140	压缩机K-4002入口分液罐D-4004烧焦放空管线控制阀HC4104旁路为单阀	PR1/10	3	考虑在旁路增加一个截止阀
S-144	循环氢返工业氢压缩机入口缓冲罐D-4003，压力控制阀PV4106/B前后管路压力等级不符，靠近D-4003管段压力等级为2.0MPa，存在超压的可能	PR1/10	3	进一步确认该管段的压力等级和材质，如存在问题更换该管段
S-147	DMDS(二甲基二硫)泵P-4014出口部分管段在泵改造时已更换，新出口管段的压力等级为16.0MPa，而原DMDS泵至重整装置的管段没有更换升级，存在过压的可能	PR1/15	3	考虑在DMDS(二甲基二硫)泵去重整装置管段的根部设置高压等级的阀门，并在靠泵的一侧加盲板
S-152	新氢压缩机K-4001无工艺工况自动停机联锁，存在事故恶化的可能	PR1/10	3	考虑设置新氢压缩机自动停机联锁系统，如：入口分液罐液位高高时联锁停机
S-154	高分罐紧急泄压阀HC4103，没有纳入整个装置的紧急停车系统，存在事故恶化的可能	PR1/6	3	考虑紧急泄压阀HC4103纳入紧急停车系统
S-161	压缩机K-4002汽轮机预热3.5MPa蒸汽放空线没有消音器，存在噪声污染	PR1/105	3	考虑将*DN*25管径的3.5MPa蒸汽放空线并入*DN*150管径的1.0MPa蒸汽放空立管进行放空，如噪声仍然过大，考虑在放空管上加消音器
S-103	由于D-4002(加氢原料缓冲罐)在罐底出口异常关闭，而罐液位报警失灵的情况下，会存在D-4002(加氢原料缓冲罐)液位超高窜入火炬线的可能。而且，D-4002(加氢原料缓冲罐)氮封取消，通过打开PSV-4001安全阀副线来控制压力，不符合安全阀设置的要求	PR1/2	3	考虑在D-4002(加氢原料缓冲罐)恢复氮封，并将安全阀旁路关闭
S-104	由于新氢分液罐D-4003有一条去D-4002(加氢原料缓冲罐)的管线，在排放量过大的情况下，会导致D-4002(加氢原料缓冲罐)存在过压的可能(现场有，图纸未标识)	PR1/2	3	考虑将新氢分液罐去D-4002(加氢原料缓冲罐)的管线改至放空火炬分液罐
S-105	由于在控制阀FV-4101处只有一端有设置排凝阀，新的设计标准要求控制阀两端需设置排凝阀，在控制阀故障需检修时，存在事故恶化的可能。在其他有控制阀的地方存在类似的问题	PR1/2 共性问题	3	考虑在没有设置排凝阀的一端增加排凝阀

注：本表分析结果仅供参考。

5.2.6 HAZOP分析结果的交流与跟踪

(1) 编制一份合格的HAZOP分析报告

为了有效完成HAZOP分析，必须把分析结果形成HAZOP分析报告，交给管理层。HAZOP分析报告一般由HAZOP分析主席和分析发起人合作完成。HAZOP分析报告一般包含以下几个方面的内容：

- HAZOP分析总结(含提出的建议、风险大小的统计分析等)；
- HAZOP分析的总体介绍(含HAZOP分析主席介绍、项目的背景、分析范围、时间和地点等)；
- 装置/单元工艺描述；
- HAZOP分析提出建议问题的总结描述；
- HAZOP分析记录；
- HAZOP分析参加人员；
- HAZOP分析方法介绍；
- HAZOP分析方法使用的引导词及参考要点清单。

生产运行阶段的HAZOP分析报告可参照本书第2章的格式。

HAZOP分析报告应包括分析工作整体介绍和分析工作全程的记录。这其中又分为引导词和经验式HAZOP分析两种报告记录格式。引导词HAZOP分析一般是全过程记录。当然最后的建议问题清单需要单列出来，因为这是后续工作的重点。对于经验式HAZOP分析报告一般只关注需要建议整改的风险问题的记录。中途详细的分析过程和可接受的风险不加以记录。报告格式更为简洁和直观，其目的是为了让更多的精力关注在无法接受风险的建议措施整改上面。报告可以是电子文件，也可以是硬拷贝。若是电子文件，应保留包括做过标记的P&ID硬拷贝件。此外，HAZOP分析采用企业确定的风险矩阵。如企业没有发布，则采用本书第3章推荐的风险矩阵。HAZOP分析报告应根据国家或地方法规归档保存(有时在装置寿命周期内保存)。一旦分析报告完成并得到签署，则HAZOP分析团队的工作即告一段落。

HAZOP分析报告编制完成之前，团队成员一般会在一起全过程地对关注的风险和建议的问题在团队再进行一次评审，以达成一致意见。尤其是在HAZOP分析的期间，可能局部存在某些争议的问题需要进一步得到认可和澄清。

(2) 召开一次HAZOP分析管理会议

生产运行阶段HAZOP分析管理会议旨在审查、验证HAZOP分析成果的有效性，把发现的问题的管理解决权转给有关的管理人员，以决定适当的解决计划。管理会议最主要的目的是接受和批准风险，包含对高风险项目提出的建议整改措施。尤其是对HAZOP分析团队经验和知识能力范围之外无法决定的事项，留待管理会议做进一步的评估和决策。

会议参加人员应包括：

- 团队主席(或一个团队的高级成员)；
- 能够接受或认可分析团队发现的高风险类项目的经理；

- 安全、技术、设备、生产部门的主管；
- 分析装置的工程师。

如果分析发现很多维护问题，有时也邀请维护主管参加会议。

会议对于分析所发现的问题逐一讨论决定对策，对于中等程度的风险：

- 可以接受该项目，不采取进一步行动，接受相关风险；
- 调配资源解决该问题；
- 提交更高的管理层决策(如安全生产委员会或操作完整性委员会)。

(3) 召开 HAZOP 分析总结会议

HAZOP 分析总结会议是对生产运行阶段 HAZOP 分析任务的一次全面总结，也是对所有评估出的风险问题的确认和拟定下一步整改措施。国外及国内合资公司的惯常做法是由公司分管生产负责人或由公司一把手亲自主持。这在某种程度上体现公司对 HAZOP 分析任务的高度重视和关注。参与的人员除 HAZOP 分析管理会议人员外，还包括公司各部门的高层，他们是接受风险和风险安全措施的批准者。

(4) 生产运行阶段 HAZOP 分析问题跟踪

HAZOP 分析成功的关键在于跟踪落实 HAZOP 分析提出的建议措施，解决所有发现的问题。所有发现的问题均需采取行动，可以采取修改缺陷的方式，也可以做进一步的评估，以确认风险是否可以接受。但从严格意义上讲，生产运行阶段 HAZOP 分析问题的跟踪不属于工艺危险分析本身的工作范畴，应属于后续工作，由工厂管理层负责，不是 HAZOP 分析团队的职责。一般 HAZOP 分析完成后，不把跟踪工作指派给团队成员，应视为独立的工作。

5.3 间歇操作 HAZOP 分析应用

在精细化工、制药和农药等领域，普遍存在间歇操作的工艺过程。间歇生产过程中，工艺物料在工艺设施中的出现具有很强的时间性。以间歇生产过程中的反应釜为例，在不同的时刻它可能分别处于完全不同的状态，诸如清洗、进料、反应、保温、出料等等。鉴于间歇生产过程的这一特性，在开展 HAZOP 分析时，需要针对生产过程的不同阶段分别进行分析。通常将生产过程分解成若干步骤，然后借助引导词对各个步骤分别进行分析。与连续流程生产的 HAZOP 分析相比较，间歇过程的 HAZOP 分析中增加了对时间和步骤相关偏离的分析，包括操作步骤执行得过早或过晚、操作步骤遗漏等情形(所用的引导词参见附录 1)。

间歇过程的 HAZOP 分析与连续流程的分析一样，可以借助工艺风险矩阵来判断当前安全措施下的风险程度，并据此决定是否需要新增安全措施。以下是一个间歇生产过程的 HAZOP 分析示例(系虚拟的案例，仅供参考)。间歇过程的工艺流程图如图 5.8 所示。

本间歇过程的基本操作步骤如下：

(1) 用水清洗反应器 R301，并用氮气置换（备注：容积 $15m^3$、设计压力 0.4MPa)。

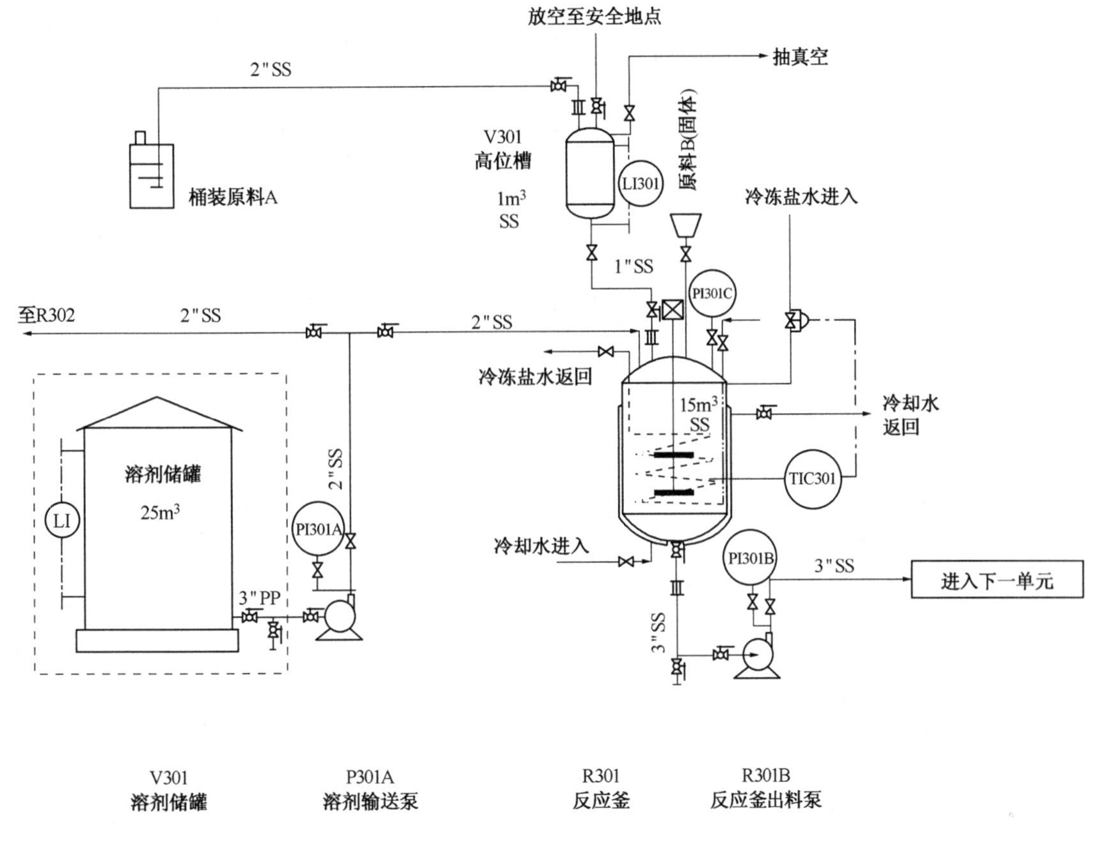

图5.8 间歇过程工艺流程图

(2) 用泵P301A从储罐V301往反应器R301内加入8m³甲苯作为溶剂。

(3) 利用真空从桶内将物料A转移至高位槽V301，连续转移3桶(注：物料A易燃、无毒且不忌水，有一定腐蚀性，所以采用不锈钢SS304L管道材料，反应器内衬搪瓷)。

(4) 利用冷冻盐水将反应器内的溶剂冷却至0℃。

(5) 向反应器内加入25kg固体B，边加料边搅拌。

(6) 控制流量向反应器内加入原料A(共约0.6m³，加料时间为6h)，A与B在反应器内反应并大量放热，不产生气体；经夹套内的冷却水冷却，保持反应器内温度不超过10℃。

(7) 反应约6h后，从反应器R301取样。

(8) 用泵P301B将物料从反应器R301转移至下游工艺单元的容器。

表5.4是上述间歇流程HAZOP分析的示例。示例中仅包括对第2步骤的分析，其他步骤的分析方法类似。本次HAZOP分析的范围不包括溶剂储罐V301。

表5.4 间歇流程HAZOP分析工作表

节点编号	1
节点名称	某产品×××反应
节点描述	物料A和B在反应釜内完成反应生产中间体C

续表

操作步骤	(1) 用水清洗反应器 R301，并用氮气置换； (2) 用泵 P301A 从储罐 V301 往反应器 R301 内加入 $8m^3$ 甲苯作为溶剂； (3) 利用真空从桶内将物料 A 转移至高位槽 V301，连续转移 3 桶； (4) 利用冷冻盐水将反应器内的溶剂冷却至 0℃； (5) 往反应器内加入 25kg 固体 B，边加料边搅拌； (6) 控制流量往反应器内加入原料 A，与 B 反应，夹套冷却保持反应温度不超过 10℃； (7) 反应约 6 小时后，从反应器 R301 取样； (8) 用泵 P301B 将物料从反应器 R301 转移至下游工艺单元的容器
会期	2012/7/18
项目名称	×××产品生产装置
工段	×××反应
图纸	PID100-201-002 Rew. 0

序号	引导词与参数	偏离	原因	后果	现有安全措施	S	L	RR	建议编号	建议类别	建议
步骤-1：用水清洗反应器 R301，并用氮气置换											
	（略）										
步骤-2：用泵 P301A 从储罐往反应器 R301 内加入 $8m^3$ 甲苯作为溶剂											
	没有流量/流量过小	讨论了此情形，没有发现明显的危害									
	流量过大	讨论了此情形，没有发现明显的危害									
	非正常流量	往反应釜 R301 进甲苯时，甲苯从反应釜底部流出	反应釜底阀未关闭	甲苯进入作业场所，可能引起着火	生产区域有火源控制措施，包括采用防爆型的电气装置	S_4	L_3	B	1-1	安全	在反应釜 R301 的出料管及溶剂进料管上分别设置开关阀；当出料管道上的开关阀关闭时，才能开启溶剂管道上的开关阀往反应釜 R301 内转移溶剂
		往反应釜 R301 进甲苯时，甲苯被错误送入反应釜 R302	参考反应釜 R302 的 HAZOP 分析								
	逆流	甲苯逆流进入泵 P301A 的出口管道	泵停转（如停电引起）	可能损坏泵，并导致生产时间损失		S_2	L_3	D	1-2	生产	考虑在泵 P301A 的出口管道上增加一个止回阀
	温度过高	反应釜 R301 内温度过高	反应釜外部发生火灾	溶剂加入反应釜后，反应釜内溶剂因外部着火烘烤，可能导致反应釜超压甚至破裂		S_4	L_2	C	1-3	安全	为反应釜 R301 增加泄压装置，并核算以确保满足外部着火时的泄压要求

续表

序号	引导词与参数	偏离	原因	后果	现有安全措施	S	L	RR	建议编号	建议类别	建　议
	温度过低	讨论了此情形，没有发现明显的危害									
	深冷	讨论了此情形，没有发现明显的危害									
	压力过高	讨论了此情形，没有发现明显的危害									
	低压/真空	讨论了此情形，没有发现明显的危害									
	液位过低/没有液位	讨论了此情形，没有发现明显的危害									
	液位过高	反应釜 R301 内的液位过高	泵 P301A 持续往反应釜 R301 进料	反应釜可能满釜，甚至出现溶剂泄漏和着火	操作人员现场监控反应釜内的进料情况。可以及时关闭进料阀门停止进料	S_3	L_3	C	1-4	安全	在反应釜 R301 附近设置泵 P301A 的停止按钮以便操作人员及时停泵，或在反应釜 R301 增加液位计并与溶剂进料开关阀（本次 HAZOP 建议增加参考建议项 1-1）联锁，超过设定液位值时及时关闭溶剂进料阀门
	浓度过高	讨论了此情形，没有发现明显的危害									
	浓度过低	讨论了此情形，没有发现明显的危害									
	错误物料	讨论了此情形，没有发现明显的危害									
	执行太早（或太晚）	没有进行氮气置换就往反应釜 R301 进甲苯	操作失误	甲苯与空气在反应釜内混合，可能形成爆炸性混合气体，甚至发生爆炸	采用微记录形式的操作程序	S_4	L_2	C	1-5	安全	反应釜 R301 的溶剂进料管采用挂壁设计（注：如果采用自动控制，可以对氮气置换和甲苯转料采用顺序控制）

续表

序号	引导词与参数	偏离	原因	后果	现有安全措施	*S*	*L*	*RR*	建议编号	建议类别	建　议
	本步骤遗漏	讨论了此情形，没有发现明显的危害									
步骤-3：利用真空从桶内将物料 A 转移至高位槽 V301，连续转移 3 桶											
	(略)										
步骤-4：利用冷冻盐水将反应器内的溶剂冷却至 0℃											
	(略)										
步骤-5：往反应器内加入 25kg 固体 B，边加料边搅拌											
	(略)										
步骤-6：控制流量往反应器内加入原料 A，与 B 反应，夹套冷却保持反应温度不超过 10℃											
	(略)										
步骤-7：反应约 6 小时后，从反应器 R301 取样											
	(略)										
步骤-7：反应完成后停止冷却(物料在反应釜内保温)											
	(略)										
步骤-8：用泵 P301B 将物料从反应器 R301 转移至下游工艺单元的容器											
	(略)										

5.4　操作规程 HAZOP 分析应用

面向操作规程的 HAZOP 分析能有效提高操作规程质量。分析方法与常规 HAZOP 分析方法相同，只是引导词含义有所区别，常用双引导词和 8 引导词两类方法。

5.4.1　操作规程危险评价的必要性

在当今的安全管理工作中，操作规程已经被广泛认定为是一种与操作人员相关的安全措施。因此如何评价和审查操作规程的质量是企业迫切需要解决的一个问题。按照传统的观点，人们普遍认为：一部高质量的操作规程除了指导如何正确运行装置外，还必须指导如何安全生产，即必须考虑如何避免发生事故，或者在有可能发生事故的场合及操作步骤上提供正确有效的处理方法。这种观点是没有错误的，但是忽略了一个实践中常见的重要问题，就是操作人员在执行一个操作规程的过程中是否会出现危险，如何分析？如何避免？这就是国际上广泛应用的“面向规程的操作危险评价”(Hazard Evaluation of Procedure - Based Operations)方法所期望解决的问题。这种评价除了修正操作规程的漏洞外，也是提高操作人员素质的重要方面，有助于操作人员对操作规程的每一步做到不但知其然，而且知道其所以然，从而保证了这种与操作人员相关的安全措施作用的充分发挥。

根据美国化学工程师协会(AIChE)化工过程安全中心(CCPS)提供的信息，从 1970 年至 1989 年 20 年间化工领域 60%~75%的主要事故不是发生在正常生产的连续运行的操作模式，而是发生在开/停车、提负荷/降负荷、取样操作、更换催化剂、非正常工况和紧急事故处理等非常规操作模式。在非常规操作模式下，操作人员的作用更加显得重要，因此也更加需要面向规程的操作危险评价。

5.4.2 操作规程 HAZOP 分析的要点

(1) 确定操作规程 HAZOP 分析主要任务

面向操作规程 HAZOP 分析的主要任务是：找出如果操作人员执行现有操作规程的操作步骤出现偏离(失误)会发生什么？操作人员执行操作步骤的偏离主要是两大问题：

- 如果操作步骤出现跳越(也可以称为遗漏)会发生什么？
- 如果操作步骤执行得不正确(虽然没有跳越)会发生什么？

经过大量的实践统计表明，在执行操作规程中人员的失误导致事故主要就是上述两大类问题。分析方法是一步一步地按操作规程分析操作人员的两种失误的问题。这种分析和 HAZOP 分析的目标和步骤十分相似，即也是一种基于团队“头脑风暴”通过会议讨论分析的方法，也是通过使用引导词组合操作偏离，沿偏离点反向查找初始原因，正向查找不利后果。只是引导词的含义和常规 HAZOP 分析有所不同。

(2) 操作规程分级和任务分解

- 为了避免规程分析工作量过度，应当采用一种分级的方法。分级方法首先筛选规程，逐一确定哪些部分属于极为危险的关键任务需要详细分析。对于任何任务如果执行错了，将会影响安全、质量、生产或环境，则称为关键任务。
- 分析之前必须把待分析的关键任务分解成独立的“行动”(即操作人员执行的操作内容)。如果现有规程中每一步骤只有一个执行者，完成一个行动，并且只作用于一个目标，则最理想。

(3) 确定操作偏离引导词

规程 HAZOP 分析是通过假设人为操作对操作规程步骤出现了偏离，从偏离点反向查找初始原因，正向查找不利后果。因此，非结构化和系统化的安全分析方法，例如检查表法，无法适用于操作失误分析。由于执行操作规程与人为因素直接相关，因此组合偏离的引导词与常规 HAZOP 的引导词含义不完全相同。疏漏常用的引导词是：无(NO)、缺少(MISSING)和部分(PART OF)；对于规程的执行错误常用的引导词是：超限(MORE)、不达标(LESS)、伴随事件(AS WELL AS)、代替(REVERSE)和选错(OTHER THAN)。显然这些引导词大部分是面向间歇过程的，这体现了操作规程危险分析的特点。对于不同的规程分解项目应当仔细地选择引导词，以便能够分析连续过程的非正常现象和具有间歇特征的现象。两类引导词分类如下：

疏漏问题
- 无(NO)
- 缺少(MISSING)
- 部分(PART OF)

执行问题
- 超限(MORE)
- 不达标(LESS)
- 伴随(AS WELL AS)
- 代替(REVERSE)
- 选错(OTHER THAN)

为了明确面向操作规程HAZOP分析的引导词含义，表5.5和表5.6给出了进一步说明。

表5.5 操作规程HAZOP分析双引导词含义

引 导 词	用于操作规程一个步骤的含义
疏漏(步骤跳越)(OMIT)	步骤未执行或部分未执行。部分可能的原因是：操作人员忘记了操作该步骤、不了解该步骤的重要性或规程中没有包括该步骤
不正确(步骤执行错误)(INCORRECT)	操作人员的意图是执行该步骤(没有疏漏该步骤)；然而该步骤的执行没有达到原意图。部分可能的原因是：操作人员对规程要求的任务("行动")做得太多或太少、操作人员调整了错误的过程部分或操作人员把该步骤的顺序操作反了

表5.6 操作规程HAZOP分析8引导词含义

序 号	引 导 词	用于操作规程一个步骤的含义
1	缺失*(MISSING)	在规程中重点强调的一个步骤或警示预防措施被疏漏
2	无(否或跳越步骤)(NO、NOT或SKIP)	该步骤被完全跳越或说明的意图没有被执行
3	部分(PART OF)	只有规程全部意图的一部分被执行(通常是一个任务包括了两个或更多同时进行的"行动"。例如："打开阀门A、B和C")
4	执行超限(超量、超时)或过快(MORE或MORE OF)	对规程说明的意图做过了头(例如：量加得太多；执行时间过长等)或步骤执行得过快**
5	执行不达限(量、时间)或太慢(LESS或LESS OF)	对规程说明的执行(量、时间)太少(小)或执行得太慢**
6	伴随(事件)(AS WELL AS或MORE THAN)	除了规程说明的步骤(正在执行的)正确之外，发生了其他事件，或操作人员执行了其他"行动"
7	执行过早或规程打乱(REVERSE或OUT OF SEQUENCE)	规程中的该步骤被执行过早，或此时的下一个步骤被执行，代替了要求执行的步骤
8	替换(做错了事)(OTHER THAN)	选错了物料或加错了物料，或选错了设备，或理解错了设备，或操作错了设备等。即：操作人员所做的"行动"不是规程本来的意图

注：① 带*的为可选引导词；②带**的不适用于简单的"开/关"或"启动/关闭"功能。

(4) 应用引导词对操作规程的每一个步骤进行HAZOP分析

将引导词和操作步骤结合将产生一个偏离，HAZOP分析只考虑那些有实际意义的偏离，然后通过团队集体"头脑风暴"分析该偏离所涉及的原因和导致的后果，同时找出现有安全措施，必要时提出建议安全措施。这些分析和常规的HAZOP分析完全一致。

需要注意的是：

- 对于每一个操作步骤本意的偏离，在应用8引导词识别操作步骤和行动时，团队应当避免关注那些操作人员失误的明显原因，而应当识别和人员失误相关的根原因。例如："在训练时不适当的强调了该步骤"；"一个操作人员同时执行两个任务(行动)的可响应性(可能性)"；"阀门或操作设施不适当的标记"或"仪表指示混乱或不可读数"等。

● 人员失误相关的根原因必须结合操作人员的具体情况和现场的设备、管路、阀门、仪表等实际情况以及控制室的情况和周围环境的实际情况。

● 引导词“无”(NO)可能引出的原因，例如：“没有列入规程的步骤”；“在这个步骤上，之前没有正式训练过就发给了上岗许可证”；“没有列入规程”或“开泵前的高点排气等准备工作没有正式训练过”。如果没有确切的说明书，这些方面的原因应当至少被团队讨论过。当评价操作失误时，团队还应当讨论由于疏漏的步骤引发的系统性原因，例如：人员疲劳、通讯(交流)失误或理解错误的责任等。

(5) 完成操作规程 HAZOP 分析报告表

面向操作规程的 HAZOP 分析报告表和常规 HAZOP 分析报表完全一致，所不同的是报告内容针对的是操作规程和操作人员失误的安全问题。

操作规程 HAZOP 分析是减少规程错误的有效工具。为了从规程分析中获得最大效益，分析团队应当详细地将规程中有关步骤的偏离、偏离的不利后果、偏离原因、现有安全措施和建议安全措施记录下来，并且整理成 HAZOP 分析报告文档。这种文档是完整的工艺危险分析(PHA)报告的一部分，用来获取：

● 针对所有操作模式的危险；

● 有关人为因素的不利后果和安全措施。

操作规程 HAZOP 分析报告也可以是一个独立的报告。

(6) 操作规程 HAZOP 分析的关闭和跟踪

操作规程 HAZOP 分析的关闭和跟踪是逐条将分析结果反馈到正在执行的操作规程中，补充遗漏项目、注意事项、警告、注释、提示和事故处理指南。审定和修正后的规程应当纳入操作规程的控制管理系统。涉及新增安全措施的建议，关闭和跟踪同过程安全 HAZOP 分析要求一致。

5.4.3　双引导词操作规程 HAZOP 分析

对于操作危险性较小的场合，常用双引导词分析方法，实践证明是合理的方法。本方法另外应用场合是，有经验的 HAZOP 分析团队组长在比较评价结果时可用的一种更为简易的方法。

双引导词定义见表 5.5。人员失误的分类基础是疏漏错误和执行错误。双引导词的“疏漏”(或“步骤跳越”)(OMIT)包含了前面所述的“无”、“缺少”和“部分”，引导词“不正确”(INCORRECT)包含了前面所述的“超限”、“不达标”、“伴随”、“代替”和“选错”。

5.5　电气/电子/可编程电子系统 HAZOP 分析应用

将 HAZOP 分析应用于电气/电子/可编程电子系统危险评估，是国际标准 IEC 61882(《危险与可操作性分析指南》，2001)的主要目的。其背景是在 IEC 61882 之前发布了 IEC 61508(《电气/电子/可编程电子安全相关系统的功能安全》，1998)标准，以及 IEC 61511(《过程工业领域安全仪表系统的功能安全》，2001)。这两个标准全部由我国国家标准等同采用，即 GB/T 20438—2006 和 GB/T 21109—2007。IEC 61508 在全世界引起很大反响，在过程工业领域迅速得到广泛应用。在这三个国际标准的推动下，将 HAZOP 分析应用于电气/电子/可编程电子系统也迅速得到推广。

实际应用表明，采用 HAZOP 方法分析电气/电子/可编程电子安全相关系统的潜在危险，不但可行而且十分有效。实施原理与常规 HAZOP 方法完全一致，区别仅仅在于引导词和偏离的含义有所不同，是针对电气/电子/可编程电子相关系统的。IEC 61882 给出了常用的偏离和引导词解释，同时给出了对应的过程工业含义，以便对照。详见表 5.7。

表 5.7　偏离及其相关引导词的示例

偏离类型	引导词	可编程电子系统含义(PES)	过程工业含义
否定	无，空白(NO)	无数据或控制信号通过	没有达到任何目的，如：无流量
量的改变	多，过量(MORE)	数据传输比期望的快	量的增多，如温度高
	少，减量(LESS)	数据传输比期望的慢	量的减少，如温度低
定性增加	伴随(AS WELL AS)	出现一些附加或虚假信号	出现杂质；同时执行了其他的操作或步骤
定性减少	部分(PART OF)	数据或控制信号不完整	只达到一部分目的，如：预期流体部分发生传输
替换	相反(REVERSE)	通常不相关	管道中的物料反向流动以及化学逆反应
	异常(OTHER THAN)	数据或控制信号不正确	最初目的没有实现，出现了完全不同的结果。如：输送了错误物料
时间	早(EARLY)	信号与给定时间相比来得太早	某事件的发生较给定时间早，如：冷却或过滤
	晚(LATE)	信号与给定时间相比来得太晚	某事件的发生较给定时间晚，如：冷却或过滤
顺序或序列	先(BEFORE)	信号在序列中比期望来得早	某事件在序列中过早的发生，如：混合或加热
	后(LATE)	信号在序列中比期望来得晚	某事件在序列中过晚的发生，如：混合或加热

随着过程工业计算机控制系统的广泛应用，HAZOP 分析已经成为过程工业系统的一个重要组成部分，不但潜在危险与其相关，多种安全措施也与其相关。因此，在 HAZOP 分析中已经不可避免地涉及电气/电子/可编程电子系统的危险评估。

5.5.1　压电阀控制系统 HAZOP 分析应用

压电阀控制系统(见图 5.9)描述了 HAZOP 分析如何应用于详细的电子系统。

压电阀是一种由压电陶瓷元件驱动的阀门。压电陶瓷元件通过电力驱动，带电状态下可变长。充电的压电陶瓷关闭阀门，放电的压电陶瓷打开阀门。如果压电陶瓷没有失去或得到电荷，阀门状态保持不变。

该系统将一种易燃易爆的液体喷洒到反应容器(未显示)内。完整的系统包括反应器、管路和泵等，这些作为 HAZOP 分析的一部分。此外，这里只描述了电子部件的 HAZOP 分析。

该部件的操作是两种状态的切换过程，其设计是需要关闭阀门时为“状态 1”，需要开启阀门时为“状态 2”。

源自电容器 C1 的电荷通过晶体管 T1 传导到耦合电容器 C2，并通过线路传导给压电阀并关闭阀门。这种情况下，晶体管 T2 和保护型晶体管 T3 关闭(高阻抗)。

电容器 C2 通过晶体管 T2 放电，打开阀门。为防止压电阀不均匀充电(例如受到机械应力或热应力)，晶体管 T4 将低侧接地。

电缆采用静电屏蔽的双绞线以防止电磁干扰对阀门的影响。

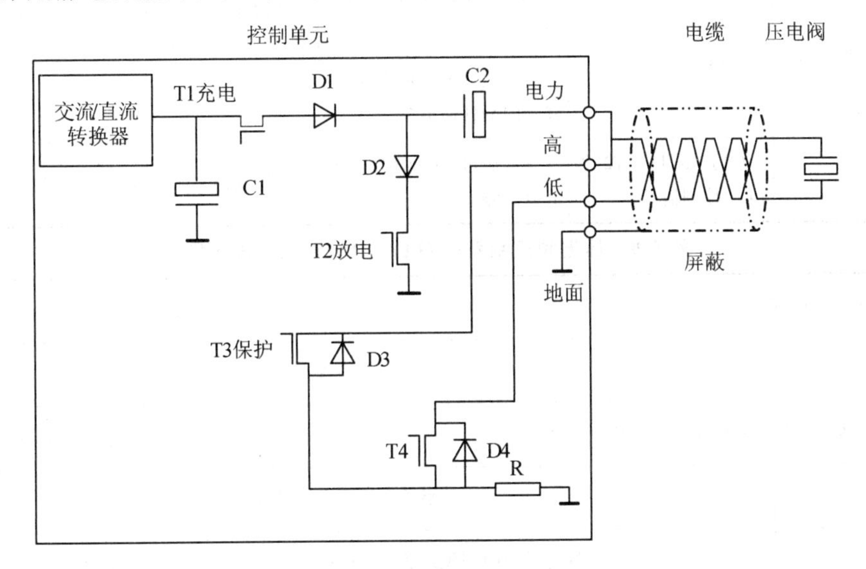

图 5.9 压电阀控制系统

状态 1 描述：关闭阀门。

分析部分：从交流/直流转换器和电容器 C1 通过晶体管 T1、二极管 D1 和电容器 C2 到达阀门的动力侧、从阀门的接地侧通过晶体管 T4 和电阻器 R 到达地面的电缆。

状态 2 描述：打开阀门。

分析部分：从阀门的动力侧通过晶体管 T3、二极管 D3 和电阻器 R 到达地面的电缆。

压电阀控制系统设计目的见表 5.8，压电阀控制系统 HAZOP 分析工作表见表 5.9。

表 5.8 压电阀控制系统设计目的

输入		功能	来源	目的地
状态 1：关闭阀门	(1) 电容器 C1 充电特性 电压 电容	(1) 经晶体管 T1、二极管 D1、电容器 C2 传递电荷	C1 和转换器	(1) 向阀门动力端提供动力
		(2) 经晶体管 T4 和电阻器 R 把电荷转移到地面	阀门低端	(2) 低端对地放电
	(2) 至 T1、T3 和 T4 的控制信号	(3) 从接地端经 T1 和 T4 控制开	来自控制器的信号	T1、T3 和 T4 过度对地放电
		(4) 通过 T2 隔离		
		(5) 通过 T3 防止过度充电		
		(6) 防止电荷经 D2 回流	阀门电源端	

续表

<table>
<tr><th colspan="2">输入</th><th>功能</th><th>来源</th><th>目的地</th></tr>
<tr><td rowspan="3">状态 2：打开阀门</td><td rowspan="3">（1）阀门放电侧特性
电压
电容</td><td>（1）通过 T1 隔离 C1 和转换器</td><td rowspan="3">阀门和 C2 的电源端</td><td rowspan="3">地面</td></tr>
<tr><td>（2）经 D2 和 T2 转移电源电荷</td></tr>
<tr><td>（3）经 D3、D4 和 R 转移阀门的任何电荷</td></tr>
<tr><td></td><td>（2）至 T1、T2 和 T4 的控制信号</td><td>（4）通过 T4 隔离阀门的低电荷侧</td><td>从控制器来的信号</td><td>T1、T2 和 T4</td></tr>
</table>

表 5.9　压电阀控制系统 HAZOP 分析工作表示例

<table>
<tr><td colspan="7">分析题目：压电阀控制系统</td><td colspan="2">表页：1/2</td></tr>
<tr><td colspan="5">图纸编号：</td><td colspan="2">修订编号：</td><td colspan="2">日期：</td></tr>
<tr><td colspan="7">小组成员：开发工程师、系统工程师、质量经理</td><td colspan="2">会议日期：××年××月××日</td></tr>
<tr><td colspan="2">分析的部分：</td><td colspan="7">状态 1：系统关闭阀门</td></tr>
<tr><td colspan="2">设计目的：</td><td colspan="7">在规定时间内把规定数量的电荷转移到压电执行器关闭阀门</td></tr>
<tr><th>要素</th><th>引导词</th><th>偏离</th><th>可能原因</th><th>后果</th><th>现有措施</th><th>注释</th><th>建议措施</th><th>执行人</th></tr>
<tr><td>输入：电容器 C1 充电</td><td>无</td><td>未充电，包括未传递电荷</td><td>(1)电力断供；
(2)转换器故障；
(3)C1 故障；
(4)T1 永久关闭；
(5)T2 永久打开；
(6)T1 故障；
(7)二极管（D1、D3)故障：
——二极管 D1 电路断开，无电流流动；
——二极管 D3 短路，经 D4 到压电阀低端短路或经电阻器 R 到地面短路；
(8)C2 故障
(9)断线
(10)T4 故障
(11)R 故障
(12)T3 故障</td><td>（1）没有电流经 C2 进入压电阀；
（2）阀门不能关闭，永久打开；
（3）反应物质窜入容器</td><td>无</td><td>该情况不可接受，要求变更设计</td><td>高液位报警测试程序</td><td>J. Smith</td></tr>
</table>

续表

要素	引导词	偏离	可能原因	后果	现有措施	注释	建议措施	执行人
输入：电容器 C1 充电	较多	电荷比规定多	（1）C2 充电过高；（2）转换器故障；（3）晶体管 T1 未及时关闭；（4）C2 故障；（5）交流直流转换器释放过高的电压；（6）晶体管 T1 未及时关闭故障保护 T3	（1）压电阀早于规定的时间关闭；（2）压电阀损坏	（1）流量计显示流量过高，通过晶体管 T3 给压电阀放电；（2）无显示	该情况不可接受	考虑高液位报警	Peter Peterson
输入：电容器 C1 充电	较少	电荷比规定少	（1）没有足够容量；（2）电缆绝缘故障，电荷消失；（3）T1 关闭太早；（4）T2 部分打开	C2 充电不足 阀门关闭比规定时间晚	无	该情况不可接受	报警	J. Smith
输入：电容器 C1 充电	伴随	T1 及 T2 均打开	（1）C2 充电不足 （2）阀门没有关闭 反应物质进入反应容器	不可控的化学反应	无显示	小差异可以接受	（1）报警；（2）测试程序；（3）重新设置；（4）确定可以接受的差异	J. Smith

5.5.2　应急计划的 HAZOP 分析应用

企业或组织需要制定计划以应对各种预期的紧急情况，这些紧急情况包括对炸弹威胁的反应、紧急电力供应或发生火灾时人员的逃离。这些计划的有效性和完整性能通过各种方式进行试验，通常是某种形式的演习。这种演习很有意义，但花费较大，且由于其自身性质，会中断正常的工作。在真实紧急情况下对应急系统进行测试的机会是很少的，甚至演习也不一定涵盖所有可能的情况。

HAZOP 分析能提供一种成本相对较低的方式，识别应急计划中可能存在的多种不足，以此来弥补缺乏演习或者紧急事件很少发生所导致的经验不足。

在海上油气平台上，为应对可能对生命构成威胁的事件，有必要提前做好疏散、撤离和救援(EER)的有效安排。这些安排旨在确保所有人员能够对危险形势迅速作出反应，并能快速撤离到安全的集合点，然后通过直升机或救生艇有控制地按先后顺序撤离平台，最后获得救援，并送往安全地带。有效的撤离和救援安排是整个海上设施系统必不可少的部分。在典型的撤离和救援计划中，通常有很多不同的阶段(要素)如：

(1) 通过自动仪表或任一操作员手动发出通用报警(GPA)；

(2) 将情况通报给当地守护船以及岸上应急服务机构；

(3) 人员沿着指定路线撤离到集合地点；

(4) 集合，包括现场人员登记；

(5) 穿戴救生设备等；

(6) 等待海上平台经理(OIM)或其代表发出“准备弃用平台警报”(PAPA)；

(7) 人员从集合点前往所选撤离方法对应的出口；

(8) 通常通过直升机或特殊形式的救生艇撤离；

(9) 如果没有更好的撤退办法，就直接逃入海里逃生；

(10) 援救救生艇里的人员救助那些直接进入海里逃生的人员，并前往安全之地。

应急计划的 HAZOP 分析工作表见表 5.10。

表 5.10 应急计划 HAZOP 分析工作表示例

分析部分：报警系统

设计目的：发出通用报警(GPA)信号

要素：输入：触发信号；电能

人员：来源：所有警报发生器

目的：平台上所有人员

序号	要素	引导词	偏离	可能原因	后果	安全措施	注释	建议安全措施	执行人
1	GPA 触发信号和电能	无	无输入	(1) 仪器或人员并未启动 GPA	(1) 未能警告人员	无	不太可能，但是有可能性	无	
				(2) 人员试图启动 GPA，但信号未能到达报警器	(2) 同上	双重连接和故障安全模式，即，“电流接通，弹簧关闭”	不太可能		
				(3) 没有电能	(3) 同上	不间断电源	同上		
2		多	过多的输入	(1) 虚假的报警	人员收到不必要的警告	无	可能	启动报警是否需要两个按钮	
				(2) 恶作剧性质的报警	同上	纪律和守则	不太可能	无	
3	输入	多	过多的输入	电能过载	损坏报警系统	专用电源保护	不太可能	无	
4		少	触发信号较少	触发信号只到达部分报警器	某些人员未听到报警	报警器的例行检查		无	
5			过少的电能	能量部分损失	警报可能不响	专用电源	不太可能	无	

续表

序号	要素	引导词	偏离	可能原因	后果	安全措施	注释	建议安全措施	执行人
6		伴随	伴随启动发生	启动触发其他活动		不可能有其他专门的硬连接线路		无	
7			伴随着电能	错误的能量形式，如火花	可能造成损坏	有屏蔽的电源电路		无	
8		部分	部分输入	有信号无电能或有电能无信号	人员没有警惕性		上面均已考虑到		
9		相反	相反的输入	反向报警启动			系统不包括“解除警报”	开发“解除警报”系统	
			相反的电能	没有任何建设性意义					
10	输入	异常	有其他输入	多重输入	取决于输入的信号	不可能有专门的保护电路	可能需要现场试验系统	考虑耐高温电缆	
11	行动发出报警并传送给人员	无	未听见任何警报	（1）声音设备故障；（2）电缆损坏	未能警告人员	（1）双扩声系统；（2）双电缆；（3）双电源；（4）多声道扬声器	不太可能	无	
12		多	报警声音过大	音响设备动力过大	人员耳朵遭受损害	音响设备音量不能超过安全水平		无	
13		少	报警声音过小	声音太过微弱	一些人员未听到报警	无		确保系统提供最小15dB以上的音量	
14		伴随	有其他报警和传输	报警失真、泛音或回音	对人员缺乏明确的信号	无		调查是否需要声学工程	
15		部分	部分报警传输	传输警报不足	人员未收到信号		如上述报警声过小		
16		相反	反向报警传输				见以上关于触发和“解除警报”的注释		

续表

序号	要素	引导词	偏离	可能原因	后果	安全措施	注释	建议安全措施	执行人
17		异常	未启动GPA报警，声音未传输	系统发出“啪啪”的错误声响	人员产生混乱，一些人可能错误地放弃平台	无		重新检查信号逻辑，使发出的“啪啪”声响仅能在GPA报警后发出	
18		早	报警和声音传输过早	在需要采取行动前过早地启动GPA报警	产生不必要的恐慌，导致工作混合	无		对平台上人员制定明确的指导方针	
19		晚	报警和声音传输过晚	在需要采取行动前过晚地启动GPA报警	有些人员可能被困或被迫使用其他的和不太理想的路线	无		同上	

第6章 HAZOP分析方法的局限性及进展

要点导读

几十年来大量的应用表明HAZOP分析方法的确非常有用，并且扩展到许多其他应用领域。但是该方法和所有安全评价方法一样既有优点也有局限性。除了国际标准IEC 61882提到的局限性外，耗时费力，记录与结果的信息缺失和信息隐含也是HAZOP分析方法的不足。HAZOP分析方法和各种安全评价方法共有的局限性是完备性问题、再现性问题、不可预测性、经验相关性和主观性等。HAZOP分析正在实践中不断得到改进和发展，期望这些改进、发展和创新对读者应用HAZOP分析有所帮助。

6.1 HAZOP分析方法和各种安全评价方法的局限性

6.1.1 HAZOP分析方法的局限性

国际标准IEC 61882指出，尽管已证明HAZOP分析在不同行业都非常有用，但该技术仍存在局限性，在应用时需要注意：

- HAZOP分析作为一种危险识别技术，它单独地考虑系统各部分，分析偏离对各部分的影响。有时，一种严重危险会涉及系统内多个部分之间的相互作用。在这种情况下，需要使用事件树和故障树等分析技术对该危险进行更详细地研究。
- 与任何识别危险与可操作性问题所用的技术一样，HAZOP分析也无法保证能识别所有的危险或可操作性问题。因此，对复杂系统的研究不应完全依赖HAZOP分析，而应将HAZOP分析与其他合适的技术联合使用。在有效全面的安全管理系统中，将HAZOP分析与其他相关分析技术进行协调是必要的。
- 很多系统是高度关联的，某个系统产生偏离的原因可能源于其他系统。适当的局部减缓措施可能不一定消除真正的原因，仍会发生事故。很多事故的发生是因为小的局部修改并未预见到别处的连锁效应。此外控制系统把本来没有直接影响的部分联系起来，导致复杂的反馈。这种问题可通过从一个部分到另一个部分进行偏离推断得以解决，但实际上很少这样做。
- HAZOP分析的成功很大程度上取决于主席的能力和经验，以及团队成员的知识、经验与合作。
- 就设计阶段的HAZOP分析而言，仅能考虑出现在设计中的问题，无法考虑设计中没有出现的活动和操作。

HAZOP 分析方法的局限性具体体现为：

(1) 耗时费力

为了保证分析质量，HAZOP 分析要求遍历工艺过程的所有关键“节点”，用尽所有可行的引导词，而且必须由团队通过会议的形式进行。因此进行 HAZOP 分析是一项相当耗时费力的任务。从这个意义上看，HAZOP 分析是一把“双刃剑”，其结构化、系统化既是优点，也随之带来了耗时费力的不足。

考察 HAZOP 分析可知，其耗时费力的主要原因在如下方面：

- “遍历”节点和参数“用尽”可行的引导词，识别危险剧情的排列组合可能是“天文数字”，其中不可避免地包括了大量重复劳动和无用功。
- 节点选择不合适，既导致无用功，又导致遗漏主要危险剧情。
- 偏离选择不合适时导致剧情遗漏。或者说，危险识别能力受到所选择的偏离的限制。
- 重复剧情多。在一个事件链上当相邻的两个中间事件如果都没有其他原因或后果分支时，在两个事件点分别施加的任何偏离所得到的剧情都是相同的。这种结构只有在 HAZOP 分析全部完成后才能发现。
- HAZOP 双向推理会得到大量剧情候选，当比较哪一个候选剧情重要时，需要耗费很多时间。
- 方法间接，导致耗时。团队会议讨论的着眼点是中间事件的状态偏离，因此经常终极目标是不明确的。在分支多的部分容易走题。

为了提高分析效率，几十年来人们总结了许多行之有效的经验，例如，对于比较简单的部分采用故障假设(What-if)方法；双向推理时采用后果优先的方法；使用主危险分析方法，减少偏离的数量；采用计算机软件辅助分析；提高 HAZOP 分析主席对会议的引导能力等。此外人们也期望尽可能详细地记录 HAZOP 分析信息，以便共享和再利用评估信息和经验。

(2) HAZOP 分析报告存在信息缺失和信息隐含

HAZOP 分析报告存在缺失剧情的中间关键事件信息的情况，即缺失了剧情的部分结构信息及与结构信息相关的内容信息。因此，近年来 HAZOP 分析要求记录剧情表。

HAZOP 分析报告还可能隐含大量信息。因为 HAZOP 分析的结果是多维信息，报告表是二维的表达方式，导致较多信息必然分散隐含在报告表中。例如，一个由 3 个独立原因、4 个不同后果构成的多原因多后果的“领结”型危险剧情，在 HAZOP 分析报告中被拆散成 12 个“原因-后果”对偶，并分散穿插在多页报告表中。用户无法直接得到剧情全部信息。这种信息隐含导致评价结果的执行、审核和修改的困难，例如，需要调整安全措施(保护层)的位置，即改变了危险剧情的部分结构，涉及报告表的许多部分必须修改，当调整项目多的时候，修改变得极其困难。

近年来有 HAZOP 分析实践经验的专家在评价过程中增加了剧情表，可以详细地记录危险剧情的事件序列；在 HAZOP 分析报告表中增加剧情列、使能事件或条件列。解决以上问题的出路之一是实现 HAZOP 分析信息的标准化和危险剧情表达的图形化。

6.1.2 各种安全评价方法共有的局限性

各种安全评价方法包括 HAZOP 分析在内，存在如下共同的局限性。

（1）完备性问题

虽然 HAZOP 分析通过使用引导词和基于偏离的双向推理可以识别更多的和更复杂的危险剧情，即使如此，任何 HAZOP 分析也不能担保所有的事故情况、原因和影响完全被考虑。这也是所有安全评价方法共有的局限性。又称为安全评价的完备性问题。

危险识别的不完备性主要来自两个方面：其一，在危险识别过程中分析者无法保证所有的危险条件或潜在的事故剧情都能正确地识别出来；其二，对于已经识别出的危险，分析者也不能担保所有的可能原因和潜在事故影响都被考虑到了。

一个安全评价师或团队能识别和估计出所有可能出错的事情是不可能的。但是，可以期望训练有素和有经验的实践者或团队，采用系统化的分析方法和经验识别最重要的事故、原因和影响。

更进一步，一次安全评价可以比喻成一个“照相快门”所捕捉的危险信息(静态的有时间限制的信息)，任何设计、操作规程、操作或维修的改变，哪怕是很小的变化，都有可能对设施的安全带来重大影响。要达到完备性必须使安全评价能跟踪系统的变更。

（2）再现性问题

安全评价的许多结论与分析者做出的假定相关，用相同的信息分析相同的问题，可能得出不同的结论。又称为安全评价的再现性(或称为重复能力)问题。

不同的专家安全评价的结果难于达到一致性，原因在于他们的主观意识。甚至对于可以使用多种基于经验的方法所进行的高质量评价，仍然在很大程度上取决于主观判断的优劣。

分析师和工艺专家在评价时所作的细微假定，常常是结果背后的决定因素。因此，分析师在评价过程中记录工作文档时应当始终强调标明他们所知的假定，以便于后续使用者能识别必要信息和数据的确切含义。换言之，必须给出完整的文字信息使后续用户了解结论的来由。

一个团队只有不断地积累经验，才能提高分析中做出准确假设的能力，这和分析结论同等重要。

（3）不可测知性

由于某些安全评价方法的固有特性，使得分析结果难于理解和使用，称为评价结果的不可测知性。安全评价可以产生数百页表格、会议记录、故障树、事件树模型和其他信息。这取决于评价方法的选择和问题的规模，消化安全评价的所有细节可能是一项繁重的任务。如果文档中评价师使用了大量“行话”、隐语和省略，审查者和使用者可能疑惑不解并且不知所措。好在不是所有的危险评价结果都有如此多的工作文档。有效的危险评价分析需要产生一个总结报告，该总结包括了改进建议或管理中应当考虑的过程安全问题。这类总结报表本身常常是简单且直接的。然而，取决于所采用的危险评价方法，其中所包含的问题的技术基础和结果的潜在效果可能是难于了解的。

统一安全评价信息标准，准确记录安全评价过程信息和结果信息，是克服危险评价不可测知性的有效方法之一。

(4) 经验相关性

一个安全评价团队在分析重要的潜在事故时可能不具备足够的经验，称为安全评价经验相关性限制。有些评价方法，是单纯依靠分析师经验的方法。其他一些更细致的方法需要创新思维和判断能力，以便预测潜在事故的原因和影响。所有安全分析方法都希望充分利用企业大量工艺过程的经验。当有些场合经验积累有限、不完全相关或没有类似经验时，分析师应当选用更加有预测性和系统化的方法。例如 HAZOP 分析或故障树分析。即使如此，这种分析结果的用户必须谨慎，因为这种分析的知识基础，对这些更加精密的分析方法而言是没有经过验证的。

实践表明，采用一种更加详细的分析方法并不能担保对风险更好的了解。安全评价时对经验的依赖比选择什么分析方法更重要。因此，为了充分发挥经验作用，HAZOP 分析必须用多人的经验互补、多专业专家经验的互补、有经验的团队主席的引导和裁判、对已经分析问题的审查及修正，以及对新出现问题的再评价和修正，才能提高安全评价的客观性和实用性。

(5) 主观性

安全评价师在用经验推论以便确定哪一个问题是重要的时候，必须进行主观判断。判断总会有不足或失误，称为安全评价主观性限制。

安全评价使用定性技术确定潜在事故情况的重要性。本质上看这种分析的结论是基于分析团队共有的知识和经验。因为分析团队所考虑的许多事情可能从来没有发生过，团队必须用他们的创新思维和判断能力，以便确定潜在的事故原因和影响是否存在重大风险。这些分析中的主观性可能会引起使用这些分析结果用户的忧虑。

有人错误地认为，只要使用了定量分析方法就可以克服主观性。定量分析方法还是需要依靠全面地搜索“什么出错了”？定量计算的基础也要用大量的判断来识别事故剧情和事故模型；定量方法所用的大量概率数据也是用来估计风险的。即无法避开主观性。

说到底，用户还是应当相信安全评价团队和所选用的安全评价方法。

以上所讨论的局限性不应成为拒绝使用安全评价方法的理由。仅凭经验认为一个小事故的后果可能没有什么大的影响，但是潜在事故的后果不总是轻微的，随着安全科学技术的发展和实践经验的增长，人们已经有能力预估事故后果的风险是否不可接受。安全评价技术还可以帮助分析师得到减少事故发生频率和减轻事故后果严重度的方法与措施。安全评价技术将企业的安全防线提前，是企业高可靠性和高质量风险管理的基础。

6.2 HAZOP 分析技术进展

(1) HAZOP 分析应用领域扩展

HAZOP 分析是面向化工过程所开发的安全技术。HAZOP 分析方法在危险识别中有广泛的适用性，人们普遍认识到 HAZOP 分析是一种多功能多用途的危险识别方法。因此近年来应用范围扩大了，例如：有关可编程电子系统；有关道路、铁路等运输系统；检查操作顺序和规程；评价工业管理规程；评价特殊系统，如航空、航天、核能、军事设施、医疗设备；突发事件分析；计算机硬件、软件、网络和信息系统危险分析、辅助实时在线故障诊断等。

(2) HAZOP 分析与多种安全评价方法结合

HAZOP 分析、故障树分析(FTA)、故障假设方法(What-if)、事件树分析和故障模式与影响分析方法(FMEA)都属于剧情分析方法。如图 6.1 所示，HAZOP 分析是沿剧情双向推理分析，FTA 是从后果向初始原因推理分析，其他三种方法是从初始原因向后果推理分析。不同的方法各有侧重，也各有所长。这些方法的相互结合、优势互补具有天然的可行性，并且在实际中得到大量应用。

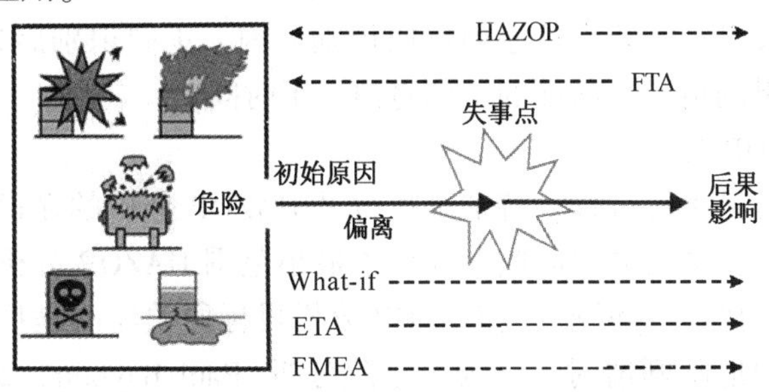

图 6.1　基于剧情的 HAZOP 分析推理模式

例如：

- 将 HAZOP 分析与 What-if 结合，比较简单的剧情用 What-if 分析，复杂的剧情用 HAZOP 分析，可以提高团队分析效率；
- 用 HAZOP 分析为 FTA 或 ETA 识别复杂剧情的路径，得到故障树或事件树；
- 先用 HAZOP 分析获得原因-后果对偶剧情，然后筛选出高风险剧情作为保护层分析(LOPA)的基础；
- 用 FMEA 方法协助 HAZOP 分析识别初始原因等。

(3) 结合半定量分析方法

HAZOP 分析是一种定性方法，可以识别出大量的危险剧情。通过使用风险矩阵方法，可以将危险剧情按风险大小排序。对于风险大的剧情重点考虑采用适当的安全措施降低剧情风险。这种方法属于半定量分析方法，提高了 HAZOP 分析的质量和效率，已经得到广泛应用。此外应用 HAZOP 分析还可以辅助定量风险评估(QRA)确定哪一个初始原因必须考虑、估算该初始原因的发生频率和估计后果的严重度。

(4) 考虑人为因素

历史事故统计表明 50%~90%的操作风险与人为因素有关。可操作性分析本身就涉及人为因素。在一个 HAZOP 分析的事故剧情中，人为因素与初始事件、中间事件、使能事件或条件原因、后果等都可能有关系。与人为因素相关的安全措施也是安全评价需要考虑的内容，例如：培训、操作规程、设备标识、检查与维修等。此外在保护层分析(LOPA)中，人为因素本身也是一种安全措施，只不过必须满足特殊要求。HAZOP 分析考虑人为因素的进展主要在以下方面：

- 对人为因素进行了详细分类；
- 提出了简单实用的识别人为因素导致事故的方法；
- 提出了双引导词和 8 引导词评价操作规程的方法；
- 提出了预防人为因素导致事故的安全措施。

(5) HAZOP 分析的改进

随着 HAZOP 分析在工业领域长期和大量的应用，人们不断积累了丰富的经验，使得 HAZOP 分析本身也得到不断地改进。主要改进如下：

① 后果优先法

后果优先法即在团队会议选定一个偏离之后，首先识别是否有不利后果。如果没有不利后果立即转向下一个偏离。目的在于节省会议时间。本方法的依据是，HAZOP 分析是从中间事件的偏离作为出发点，沿着事件序列反向识别原因，正向识别后果。如果先识别原因，对于那些没有不利后果的情况，前面的工作将浪费了时间。

② 最小范围 HAZOP 分析

对于那些经典的常见工艺过程，特别是执行过 HAZOP 分析的在役装置，许多问题是已知的。此外有些问题与安全无关。因此，提出了最小范围 HAZOP 分析的方法。例如主危险分析法，通常不考虑可操作性问题。当 HAZOP 分析目标所关注的是那些来源于使过程失去抑制的主要危险后果的危险剧情时，称为主危险分析(Paul Baybutt，2008)。本方法不从中间事件的偏离识别危险剧情，而是从可能导致主要危险剧情的初始事件出发识别剧情。通常能导致失去抑制的初始事件的类别是有限的，这样不会耗用团队更多的精力，并且尽可能不遗漏主危险剧情。其他识别危险剧情的步骤与常规 HAZOP 分析相同。另外，在变更管理时只考虑变更部分以及与变更相关的部分，也是一种最小范围的 HAZOP 分析。

③ 基于经验的 HAZOP 分析

由于 HAZOP 分析方法已经有几十年的历史，那些过程安全管理中严格坚持积累本企业安全经验和数据的单位，以及长期从事安全评价的专家，在 HAZOP 分析方面总结了大量行之有效的经验和知识。例如，HAZOP 分析参考要点；主危险初始原因归类；引导词归类；关注点归类；常用设备安全措施归类；人为因素归类等。在 HAZOP 分析时利用所积累的经验和知识，不但可以省略一些步骤、减少工作量，还可以提高分析效率和评价质量。

6.3 HAZOP 主危险分析

HAZOP 主危险分析是一种基于经验的“最小化”HAZOP 分析。由 CCPS 的发起人之一 Paul Baybutt 提出，并且在企业中得到应用。本方法有利于减少重要危险剧情的遗漏，在一定程度上可以提高 HAZOP 分析效率。

(1) 什么是主危险分析

当危险评价目标所关注的是那些来源于使过程失去抑制的主要危险后果的危险剧情时，称为主危险分析(MHA，Major Hazard Analysis)。

失去抑制的原因可以是直接的，例如，阀门误开、容器开裂或管道开裂等；也可以是间接的，例如，反应失控导致从压力释放设施的泄放或容器与管道开裂。主危险分析将 HAZOP 分析团队的“头脑风暴”限定在以上危险剧情的分析方面。方法是用一种结构化框架指导初始事件的识别。

(2) HAZOP 主危险分析方法

主危险分析方法与常规 HAZOP 分析唯一不同之处是分析的起点不在中间事件部位，而在初始原因部位。即：不是从中间事件的偏离反向识别初始原因，正向识别不利后果；而是从特定的初始原因正向识别主危险后果。主危险分析需要将可能导致主要危险剧情的初始事件分类，即人为失误、设备失效或外部事件等。通常能导致失去抑制的初始事件的类别是有限的，这样不会耗用团队更多的精力，并且尽可能不遗漏主危险剧情。其他识别危险剧情的步骤与常规 HAZOP 分析相同。

主危险分析工作表的表达方式与常规 HAZOP 分析有所改进，即每一个节点所涉及的危险剧情在同一张表中记录；增加“使能事件/条件”列和“剧情”列。这种对危险剧情更全面的记录，为进一步分析(例如：LOPA 或 QRA)提供了信息。

(3) 主危险分析所考虑的初始事件

主危险分析所考虑的初始事件范围举例如下：

① 泄漏/破裂

- 断裂，例如：由于裂缝的传播使得存储系统开裂；
- 刺穿，例如：由于冲击使得存储系统刺穿或出现孔洞；
- 释放设备卡住无法开启；
- 密封/垫片/法兰失效；
- 腐蚀/磨损；
- 污垢/堵塞；
- 流动喘振或液击；
- 设备故障；
- 其他。

② 人员的行动不正确或无作为

- 遗漏失误，例如：操作人员没有关闭一个阀门；
- 执行失误，例如：操作人员关错了阀门；
- 不必要的操作，例如：操作人员关了一个不该关的阀门；
- 违背，例如：操作人员停止了一个报警；
- 其他。

③ 控制系统失效

- 仪表失效；
- 逻辑求解器失效；
- 二次仪表失效；
- 通讯和控制界面失效；
- 信号和数据线路失效；
- 基础设施失效；
- 环境；
- 其他。

④ 反应

- 一个计划的反应失控；

- 触发了一个不期望的反应；
- 不期望的反应分支或序列反应；
- 进水；
- 进空气；
- 自发反应；
- 非故意地混入了化学品；
- 物理过程的化学放热；
- 其他。

⑤ 结构失效

- 设备支撑失效；
- 基础/地基失效；
- 周期性的负荷；
- 压力波动；
- 其他。

⑥ 公用工程失效

- 供电失效；
- 仪表风失效；
- 工厂用氮气失效；
- 冷却水失效；
- 蒸汽失效；
- 其他。

⑦ 外部自然事件

- 水灾；
- 闪电；
- 大风；
- 地震；
- 其他。

⑧ 人为外部事件

- 运输车冲击；
- 吊车重物掉落；
- 其他。

⑨ 其他

- 过程中的事故；
- 多重失效；
- 不正确的位置/电梯；
- 不正确的时间/顺序；
- 还有何事件出错。

需要注意的是，从有限的初始原因正向推理分析，不能保证识别到所有可能的主危险后果。因为有些主危险剧情可能需要从高严重度后果反向推理才能得到，而且反向识别的初始原因可能不在主危险分析所给出的初始事件之列。特别是要求危险与可操作性都必须分析时，显然主危险分析方法不如常规HAZOP分析方法。

6.4 计算机辅助HAZOP分析

随着电子计算机的普及和软件技术的飞速发展，在HAZOP分析中使用计算机辅助进行资料收集整理、会议记录和报告制表已经成为普遍的做法。多年来许多商业化HAZOP分析软件陆续问世，并且得到广泛应用。

6.4.1 国外计算机辅助HAZOP分析软件进展

计算机辅助HAZOP分析不但可以帮助分析团队完成大量的文字处理任务，还可以提高分析效率和分析质量。美英等发达国家在研发计算机辅助HAZOP分析软件方面已经有30多年历史。到目前为止已经研发成功多种相关应用软件。国外计算机辅助HAZOP分析软件主要有三种类型，分述如下：

（1）文字记录和报告制表HAZOP分析软件

此类软件是最早问世的计算机辅助HAZOP分析的软件，也是开发得最多应用最广的软件。此类软件可以方便地进行电子化内容描述，增加和修改文字编辑；只用一定的努力就能够学会并实施评价；可以方便地编制HAZOP分析报告；有的软件还可以提供参考知识库或数据库，进行简便的风险度计算；除HAZOP分析外还支持2~3种其他方法等。此类软件在某种意义上是用电子化文字处理代替手写文字处理。

（2）基于定性模型推理的HAZOP分析“专家系统”软件

将具体参数和它们之间的主要定性影响关系构造成定性模型，配合经验规则的判断，可以实现某种程度的自动HAZOP推理分析。基于定性模型的自动推理软件又称为“专家系统”软件。国外具有代表性的软件有如下两种：

- 美国普渡大学以V. Venkatasubramanian教授为首的研究群体对HAZOP分析定性推理方法的完善和工业化应用作出了显著成绩。该专家系统软件称为HAZOPSuite，在多家企业应用成功。

- 英国拉夫堡大学在本领域的研究工作始于1986年。经过多年努力研发成功HAZID软件。该软件在HAZOP分析原创公司ICI以及多家企业现场应用成功。软件由HAZID技术有限公司独家商业化，并且得到拉夫堡大学的技术支持。HAZID技术有限公司还是国际知名的工程设计软件公司（Intergraph）的合作伙伴。

这种软件所采用的技术先进，然而在实际工程和企业中认可程度不高，应用并不广泛。其主要原因在于：定性模型的质量是此类软件分析成功的关键，但是对于使用者而言建立一个高质量的定性模型具有很大的难度和挑战性；软件允许使用的引导词和参数有限，只能表达人工讨论的部分内容；软件自动推理没有与团队的集体智慧（头脑风暴）相结合，在某种意义上限制了HAZOP分析固有优势的发挥。因此，基于定性模型推理的HAZOP分析“专家系统”软件还有待进一步改进和发展。

(3) 基于信息标准的智能化 HAZOP 分析软件

近十年来，随着互联网的广泛应用，为了实现信息的一致性集成、传递、共享和计算机化，信息标准化取得了重大进展和实际应用。计算机信息化的实践使人们认识到，使用人工自然语言形成的文档难以全面准确地表达危险评价的过程和结果信息，导致了危险评价的信息、知识的传递、审查、共享和运用计算机进行信息提取和推理的困难。系统化的过程安全管理要求风险评价信息必须传递/交换/共享，既包括了工艺装置的设计、施工、运行阶段直到报废的全生命周期阶段；也包括了各阶段中不同的管理层、不同的专业部门需要传递/交换/共享危险评价信息。危险评价的计算机化和网络化离不开危险分析信息的标准化。

实现危险分析信息标准化的有利条件是，与其密切相关的知识工程领域已经颁布了多种相关国际标准，在计算机通信、软件开发、工程设计、工程建设和大型工业企业管理中得到了广泛应用。

基于信息标准化的智能化 HAZOP 分析软件的创新基础来源于国际标准 ISO 15926“工业自动化系统与集成——过程工厂包括石油及天然气生产设施的生命周期数据集成”。首先考虑应用 ISO 15926 标准作为计算机辅助 HAZOP 分析软件信息基础的是 Kiyoshi Kuraoka 和 Rafael Batres(2008)。这类软件的优点是，用信息标准记录团队评价的过程和结果，解决了传递/交换/共享评价信息的难题；借助于信息标准对复杂(时空)事件序列具有精准表达能力；评价过程的标准化记录可以直接实施定性推理以获取结论，并以图形化方式，直观形象地记录和表达危险剧情。

这种软件突破了多年来困扰实现 HAZOP 分析智能化的难题，具有技术进步意义。但是，由于 ISO 15926 标准过于复杂、繁琐和庞大，有些内容对于广大使用者而言相当深奥，限制了此类软件的普及应用。ISO 15926 标准是基于“上层知识本体”的通用性标准，有必要结合工艺安全评价的具体特点，研发基于危险剧情的“领域知识本体”。这种信息标准简明、专业性强，便于推广应用。除此之外，还应当将前两类软件的优点结合起来。

6.4.2 国内计算机辅助 HAZOP 分析软件进展

“积极推广危险与可操作性分析等过程安全管理先进技术。支持 HAZOP 计算机辅助软件研究和开发，逐步深化 HAZOP 分析等过程安全管理技术的推广应用。”是国家安全生产监督管理总局对开发国内计算机辅助 HAZOP 分析软件的明确表态。

国内 HAZOP 分析软件的研究与开发始于 2000 年，历经 10 多年的研发和应用已经取得重大进展。目前国内已经产品化的 HAZOP 分析软件主要有两种：

一种软件名称为 CAH(Computer Aided HAZOP)，即计算机辅助 HAZOP。属于信息标准化和智能化自动推理类软件。CAH 软件的特点如下：

- 采用标准化和图形化信息表达。能够简明直观表达、记录和跟踪 HAZOP 分析会议的全部有效细节，解决了安全评价信息高完备性传递/交换/审查/共享的难题。它没有改变 HAZOP 分析特有的“头脑风暴”分析方式，还有利于团队“头脑风暴”的可视化发挥。
- 智能化程度高。采用高效双向“推理引擎”，能适应任意引导词的自动推理分析。可以从分析记录直接自动生成 HAZOP 分析报告、建议措施表、剧情结构图。可以交互式任意修改和调整 HAZOP 分析报告中的信息。

- 支持基于风险矩阵的 HAZOP 分析(包括 LOPA)。
- 支持多种安全评价方法(可扩展)。
- 提供了内容丰富的知识库、数据库(可扩展)。
- 支持人工和自动双模式。当分析对象简单时，可以直接实施人工填表。
- 支持超大系统分析。例如大型乙烯全流程 HAZOP 分析。

另一种软件名称为 PSMSuite™，即过程安全管理智能软件平台系统。其中的 HAZOP 模块是以人工智能领域的案例推理技术和本体论为基础，能够随着实践中 HAZOP 分析案例库的丰富，自动提示以前的相似案例，不断提高 HAZOP 分析能力与工作效率，确保分析结果的全面性、系统性和一致性，促进企业 HAZOP 分析知识管理与人才队伍建设。该软件还具有如下用户友好的多种功能：

- 携带含有 3000 多种化学品的 MSDS 数据库(可扩展)；
- 支持多个可定制的风险矩阵和偏离库；
- 提供常见设备偏离原因库；
- 支持 Word、Excel、PDF 等多种可定制的 HAZOP 报表；
- 支持 Excel 版本的 HAZOP 分析报告导入；
- 多个可选模块，包括检查表、保护层分析(LOPA)、SIL 验证、建议措施跟踪(ATS)管理等。

随着 HAZOP 分析的推广和普及应用，国产化计算机辅助 HAZOP 分析软件的品种、质量和水平将会得到进一步提高。

附录1 常用引导词及含义表

引 导 词	含 义
无(NO)	设计或操作意图的完全否定
过多(MORE)	同设计值相比，相关参数的量化增加
过少(LESS)	同设计值相比，相关参数的量化减少
伴随、以及(AS WELL AS)	相关参数的定性增加。在完成既定功能的同时，伴随多余时间发生，如物料在输送过程中发生相变、产生杂质、产生静电等
部分(PART)	相关性能的定性减少。只完成既定功能的一部分，如组分的比例发生变化、无某些组分等
逆向/反向(REVERSE)	出现和设计意图完全相反的事或物，如液体反向流动、加热而不是冷却、反应向相反的方向进行等
异常、除此以外(OTHER THAN)	出现和设计意图不相同的事或物，完全替代；如发生异常事件或状态、开停车、维修、改变操作模式等
早(EARLY)	某事件的发生较给定时间早，如：过滤或冷却
晚(LATE)	某事件的发生较给定时间晚，如：过滤或冷却
先(BEFORE)	某事件在序列中过早的发生，如：混合或加热
后(AFTER)	某事件在序列中过晚的发生，如：混合或加热

附录2　常用偏离表和常用偏离说明

见附表2.1和附表2.2。

附表2.1　常用偏离表

参数/要素 \ 引导词	无	低	高	逆　向	部　分	伴　随	先	后	其　他
流量	无流量	流量过低	流量过高	逆流	错误浓度	其他相			物料错误
压力	真空丧失	压力过低	压力过高	真空	错误来源	外部来源			空气失效
温度		温度过低	温度过高	换热器内漏		火灾/爆炸			
黏度		黏度过低	黏度过高						
密度		密度过低	密度过高						
浓度	无添加剂	浓度过低	浓度过高	比例相反					杂质
液位	空罐	液位过低	液位过高		错误的罐	泡沫/膨胀			
步骤	遗漏操作步骤			步骤顺序错误	遗漏操作动作	额外步骤			
时间		时间太短太快	时间太长太迟				操作动作提前	操作动作延后	错误时间
其他	公用工程失效	低混合/反应	高混合/反应	逆向反应		静电			腐蚀
特殊	取样/测试/维护/倒淋	开车	停车		粉尘爆炸	人员因素			设施布置

附表2.2　常用偏离说明

偏　　离	说　　明
无流量	没有流量
流量过低	流量比设计/操作要求少
流量过高	流量比设计/操作要求多
逆流	流量沿设计或操作目标相反的方向
错误浓度	在正常流量中伴随其他物质(如污染物)
其他相	流量是错误的状态(如液态取代气态)
物料错误	流量不是预期的产品（或错误的等级/规格)
真空丧失	真空丧失(如抽风机故障)
压力过低	压力比设计/操作要求低
压力过高	压力比设计/操作要求高
真空	异常真空(如蒸气泄漏/排污/喷射)
错误来源	错误压力来源(如软管/快速接头连接错误)
外部来源	外部压力源压力偏离设计/操作要求
空气失效	仪表空气中断
温度过低	温度比设计/操作要求低

续表

偏　离	说　明
温度过高	温度比设计/操作要求高
换热器内漏	换热器管束或管板泄漏，流体可能从高压侧窜入低压侧
火灾/爆炸	外部火灾/爆炸影响
黏度过低	黏度比设计/操作要求低
黏度过高	黏度比设计/操作要求高
密度过低	密度比设计/操作要求低
密度过高	密度比设计/操作要求高
无添加剂	未按设计/操作要求加入适当的添加剂
浓度过低	浓度比设计/操作要求低
浓度过高	浓度比设计/操作要求高
比例相反	物料比例偏离设计/操作要求
杂质	物料内杂质含量超过设计/操作要求
空罐	容器液位丧失
液位过低	液位比设计/操作要求低
液位过高	液位比设计/操作要求高
错误的罐	物料进入错误的罐，不同物料可能混合(如不同规格产品混合)
泡沫/膨胀	容器内产生泡沫/膨胀导致液位无法准确测量
遗漏操作步骤	操作步骤遗漏(如干燥器未经再生直接使用)
步骤顺序错误	操作步骤执行顺序错误(如再生流程步骤错误)
遗漏操作动作	操作步骤中某一动作遗漏(如再生时遗漏 N_2 吹扫)
额外步骤	增加设计/操作要求之外的步骤
时间太短太快	操作时间比设计/操作要求的短/快
时间太长太迟	操作时间比设计/操作要求的长/迟
操作动作提前	操作动作早于设计/操作要求
操作动作延后	操作动作晚于设计/操作要求
错误时间	设计/操作要求之外的时间进行操作
公用工程失效	公用工程系统故障失效(如停电、蒸汽中断)
低混合/反应	混合/反应比设计/操作要求低
高混合/反应	混合/反应比设计/操作要求高
逆向反应	反应沿设计/操作目标相反的方向
静电	静电积聚，潜在点火源
腐蚀	过度降低操作寿命期
取样/测试/维护/倒淋	取样、测试、维护、倒淋操作时可能导致危害、生产延误及财产损失
开车	开车操作时可能导致危害、生产延误及财产损失
停车	停车操作时可能导致危害、生产延误及财产损失
粉尘爆炸	粉尘爆炸
人员因素	设计/操作要求对人员影响(如连续工作时间、劳动强度、人体工程学)
设施布置	设施布置不满足设计/操作要求或影响操作效率

附录3 典型初始事件发生频率表

附表3.1~附表3.3对典型初始事件的频率情况进行了详细说明。

附表3.1 典型初始事件发生频率表

初始事件	条件	频率/a^{-1}
基本过程控制系统(BPCS)故障	基本过程控制系统(BPCS)涵盖完整的仪表回路，包括传感器、逻辑控制器以及最终执行元件	$>10^{-1}$
压力调节器故障	现场压力调节器或减压阀	$10^{-1}\sim10^{-2}$
工艺供应中断	供应中断。如泵故障、意外堵塞或其他主要供应问题	$>10^{-1}$
安全泄放装置提前打开	提前打开导致事故	$10^{-1}\sim10^{-2}$
操作员失误或维护行为	日常操作任务中发生疏忽或故意误操作。操作人员经过对指定任务的培训并且此任务有相关程序文件可以参考。单个操作人员对指定任务的操作频次大于1次/a，没有其他人员复查	$>10^{-1}$
	日常操作任务中发生疏忽或故意误操作。操作人员经过对指定任务的培训并且此任务有相关程序文件可以参考。指定任务有人员复查其完成的正确性	$10^{-1}\sim10^{-2}$
	日常操作任务中发生疏忽或故意误操作。操作人员经过对指定任务的培训并且此任务有相关程序文件可以参考。单个操作人员对指定任务的操作频次小于1次/a	$10^{-1}\sim10^{-2}$
机械失效(金属材质)	没有活动部件——没有振动 低振动 高振动	$10^{-2}\sim10^{-3}$ $10^{-1}\sim10^{-2}$ $>10^{-1}$
机械失效(非金属材质)	没有活动部件——没有振动 低振动 高振动	$10^{-1}\sim10^{-2}$ $>10^{-1}$ $>10^{-1}$
机械失效(软管连接)	没有活动部件——没有振动 低振动 高振动	$10^{-2}\sim10^{-3}$ $10^{-1}\sim10^{-2}$ $>10^{-1}$
泵失效	单台泵失效导致下游工艺没有充足的供给，直接导致潜在危害场景	$>10^{-1}$
	双泵操作，有一台备泵，备泵非自启。单台泵失效导致下游工艺没有充足的供给，直接导致潜在危害场景	$>10^{-1}$
	双泵操作，有一台备泵，备泵可自启。两台泵同时失效导致下游工艺没有充足的供给，直接导致潜在危害场景	$10^{-1}\sim10^{-2}$
其他初始原因	分析小组应当全面考虑初始原因可能涉及的各个方面	使用专家经验或失效数据库数据

注：起始事件或条件可能会影响此表中频率的选取。

附表 3.2　初始事件典型频率表

初始事件	频率范围/a^{-1}
压力容器疲劳失效	10^{-5}~10^{-7}
管道疲劳失效-100m-全部断裂	10^{-5}~10^{-6}
管线泄漏(10%截面积)-100m	10^{-3}~10^{-4}
常压储罐失效	10^{-3}~10^{-5}
垫片/填料爆裂	10^{-2}~10^{-6}
涡轮/柴油发动机超速，外套破裂	10^{-3}~10^{-4}
第三方破坏(挖掘机、车辆等外部影响)	10^{-2}~10^{-4}
起重机载荷掉落	10^{-3}~10^{-4}/起吊
雷击	10^{-3}~10^{-4}
安全阀误开启	10^{-2}~10^{-4}
冷却水失效	1~10^{-2}
泵密封失效	10^{-1}~10^{-2}
卸载/装载软管失效	1~10^{-2}
BPCS 仪表控制回路失效	1~10^{-2}
调节器失效	1~10^{-1}
小的外部火灾(多因素)	10^{-1}~10^{-2}
大的外部火灾(多因素)	10^{-2}~10^{-3}
LOTO(锁定/标定)程序失效(多个元件的总失效)	10^{-3}~10^{-4}/次
操作员失效(执行常规程序，假设得到较好的培训、不紧张、不疲劳)	10^{-1}~10^{-3}/次

注：本表摘自《化工企业保护层分析应用导则》。

附表 3.3　典型设备的泄漏频率

设备类型	泄漏频率/a^{-1}			
	5mm	25mm	100mm	完全破裂
单密封离心泵	6×10^{-2}	5×10^{-4}	1×10^{-4}	
双密封离心泵	6×10^{-3}	5×10^{-4}	1×10^{-4}	
塔器	8×10^{-5}	2×10^{-4}	2×10^{-5}	6×10^{-6}
离心压缩机		1×10^{-3}	1×10^{-4}	
往复式压缩机		6×10^{-3}	6×10^{-4}	
过滤器	9×10^{-4}	1×10^{-4}	5×10^{-5}	1×10^{-5}
翅片/风扇冷却器	2×10^{-3}	3×10^{-4}	5×10^{-8}	2×10^{-8}
换热器(壳程)	4×10^{-5}	1×10^{-4}	1×10^{-5}	6×10^{-6}
换热器(管程)	4×10^{-5}	1×10^{-4}	1×10^{-5}	6×10^{-6}
19mm 直径管道	1×10^{-5}			3×10^{-7}
25mm 直径管道	5×10^{-6}			5×10^{-7}
51mm 直径管道	3×10^{-6}			6×10^{-2}
102mm 直径管道	9×10^{-7}	6×10^{-7}		7×10^{-8}
152mm 直径管道	4×10^{-7}	4×10^{-7}		7×10^{-8}
203mm 直径管道	3×10^{-7}	3×10^{-7}	8×10^{-8}	2×10^{-8}

续表

设备类型	泄漏频率/a^{-1}			
	5mm	25mm	100mm	完全破裂
254mm 直径管道	2×10^{-7}	3×10^{-7}	8×10^{-8}	2×10^{-8}
305mm 直径管道	1×10^{-7}	3×10^{-7}	3×10^{-8}	2×10^{-8}
406mm 直径管道	1×10^{-7}	2×10^{-7}	2×10^{-8}	2×10^{-8}
>406mm 直径管道	6×10^{-8}	2×10^{-7}	2×10^{-8}	1×10^{-8}
压力容器	4×10^{-5}	1×10^{-4}	1×10^{-5}	6×10^{-6}
反应器	1×10^{-4}	3×10^{-4}	3×10^{-5}	2×10^{-6}
往复泵	7×10^{-1}	1×10^{-2}	1×10^{-3}	1×10^{-3}
常压储罐	4×10^{-5}	1×10^{-4}	1×10^{-5}	2×10^{-5}

注：①本表摘自 SY/T 6714—2008《基于风险的检验方法》。

② 泄漏频率列出了 4 种场景的情况。

附录 4　常见不利后果严重度分级表

附表 4.1~附表 4.3 为某石油化工公司的实例，此处列出仅供参考。

附表 4.1　后果严重度分级表(一)

严重度等级	人员安全	公众影响	环境影响
特大	5 人以上死亡	1 人以上死亡	对环境造成持续性重大影响或生态破坏
重大	1~5 人死亡	多起确认的公众受伤	对环境造成长期不可逆后果
严重	需住院治疗或长期失去行为能力	1 起确认的公众受伤	排放超标并对环境造成长期可逆后果
一般	OSHA 可记录事故	公众噪音/气味投诉	排放超标，但可采取有效缓解措施，对环境无明显后果
轻微	急救处理	公众询问	少量非预期危险物质泄漏至环境，无后果

附表 4.2　后果严重度分级表(二)

严重度等级	人员安全	环境影响	经济损失
特大	3 人以上死亡	对区域环境造成不可修复性的严重破坏	经济损失超过 500 万元人民币
重大	1~3 人死亡，或造成经济损失	对区域环境造成严重破坏	经济损失 100 万~500 万元人民币
严重	无死亡但造成人员永久性致残	对周边区域环境造成有限影响	经济损失 10 万~100 万元人民币
一般	人员受伤需要卧床休息一段时间	对临近区域环境造成临时性影响	经济损失 1 万~10 万元人民币
轻微	人员受伤仅需急救处理	对临近环境仅有轻微影响，泄露液体有围堰或收集池收集	经济损失小于 1 万元人民币

附表 4.3　后果严重度分级表(三)

严重度等级	人员安全	环境影响	声誉	经济损失
特大	现场多人死亡；现场以外1人致命，现场以外多人永久性残疾	大量危险物质失控性泄漏；对设施以外地方产生影响；现场以外地方受影响，须长时间方可恢复或清理	国内或国际媒体关注；被起诉或处以重罚；国家级信誉评级变化	经济损失超过1000万元人民币
重大	现场人员有1人死亡或多人永久性残疾；场外人员1人永久性残疾或多人受伤	危险物质失控性泄漏；影响周围紧邻区域，对现场以外的某些区域有长期影响，须长时间恢复或清理	国内媒体关注；遭到主管部门起诉	经济损失100万~1000万元人民币
严重	现场人员1人永久性残疾或多人一段时间无法工作；场外人员多人轻伤或1人一段时间无法工作	危险物质泄漏失控至场外；对现场有长期影响，对场外环境产生有限影响	地区媒体关注；管理机构全面介入并关注当前事件引发的课题	经济损失10万~100万元人民币
一般	现场人员多人轻伤(可记录)；场外1人可记录轻伤	危险物质泄漏受控在场内；对场内环境造成非长期的影响	地区媒体关注；管理机构加强现场管理(通知整改)	经济损失1万~10万元人民币
轻微	现场人员无或轻伤，急救；不影响现场以外人员	危险物质泄漏受控在场内；对场外区域没有影响，可以很快清除	邻居/社区投诉；管理机构未采取正式措施	经济损失小于1万元人民币

附录5　常用安全措施表

序　　号	安全措施(或IPL)	备　　注
1	安装在火源、可燃源或可燃蒸气处所(包括有毒物料、粉尘)的阻爆器或稳定型阻爆器(阻火器)	
2	安装在火源、可燃源或可燃蒸气处所(包括有毒物料、粉尘)的非稳定型阻爆器(阻火器)	
3	自动火灾抑制系统(喷水型水和泡沫、其他的灭火剂)	
4	现场就地自动火灾抑制系统(非水的，如干粉型)	
5	用于过程设备的自动爆炸抑制系统(干粉型)	
6	隔离防火和容器外保护或其他相关设备	
7	烟气检测联合自动喷淋(灭火)系统	
8	单BPCS(基本过程控制系统)回路(无需人员介入)	
9	BPCS回路(无需人员介入)作为第二IPL(独立保护层)或当初始事件是BPCS失效时作为IPL	
10	气动控制回路	
11	弹簧式安全阀，处于清洁的维护，没有堵塞的历史故障或污垢，并且没有上游和下游的截止阀或截止阀的开/关是可以监控的状态	注意附加的条件
12	双备份弹簧式安全阀，处于清洁的维护，每一个安全阀的尺寸必须经过考虑以便在危险剧情发生时有足够的备份释放量，并且没有上游和下游的截止阀	注意附加的条件
13	多安全阀设置的场合必须所有的安全阀打开以便达到释放能力	
14	单弹簧式安全阀具备堵塞清理服务	
15	先导式压力释放阀，具备清洁维护，没有出现过污垢和堵塞	
16	有爆破片保护的弹簧式安全阀	
17	爆破片	
18	净重负荷式紧急压力释放阀(已知保护排放量)，具备清洁维护，没有出现过污垢和堵塞	注意附加的条件
19	弹簧负荷式紧急压力释放阀(已知保护排放量)，具备清洁维护，没有出现过污垢和堵塞	注意附加的条件
20	折(拨)杆式压力释放设备(BPRV)(折秆式安全阀)	一种新型安全阀
21	折秆式紧急停车设备	
22	泄爆板(可以防止低压设备内爆变形)	
23	平底储罐的脆性顶盖	
24	内部有粉尘或蒸气/气体爆燃爆炸的泄爆板(泄爆窗、泄爆栅)	
25	建筑的泄爆墙或泄爆板	
26	防爆屏	
27	真空调节器(阀组)	

续表

序 号	安全措施(或IPL)	备 注
28	连续通风设施(性能可调整)	
29	连续通风设施(性能可调整，有报警诊断)	
30	紧急通风(换气)设备	
31	储罐/容器/储槽的溢流管线具有液封设施	
32	储罐/容器/储槽的溢流管线或顶盖溢流管	
33	储罐内置型自动泡沫灭火设施	
34	呼吸阀(具有阻火功能的呼吸阀)	可选温度报警型
35	人员对一个“通告”的响应(声、光报警)，假定没有其他报警分心，并且具有10min时间完成要求的行动或在控制室具有5min的手动模式处理时间	注意附加的条件
36	人员对一个“通告”的响应(声、光报警)具有24h的处理时间	注意附加的条件
37	人员的现场读数或采样分析，具有采样和现场读数两倍的时间，在这段时间内危险从一个初始原因传播到后果	注意附加的条件
38	在班组的鼓励下，按照规程的明文说明，操作工进行双倍的检查	
39	卡封(例如：铅封)	
40	加锁/加链(加锁/加链标识为LOTO)	
41	管理使用权控制	
42	特殊个人防护设施(PPE)	
43	管线喘振回潮容器	
44	双层管壁管线	
45	双层容器/储罐(例如氨和液化天然气储罐)	
46	防火堤(防护墙)	
47	单止逆阀(在相对大的回流剧情时，无阀门泄漏)	
48	单止逆阀——高试验频率(在相对大的回流剧情时，无阀门泄漏)	
49	串联双止逆阀(在相对大的回流剧情时，无阀门泄漏)	
50	高密封止逆阀	
51	限位机械停止(系统)(可调整)	
52	限位机械停止(系统)(安装后，不可调整)	
53	清洁维护的限流孔板(具有过量流量剧情的场合)	
54	过流保护阀	
55	透平超速机械“跳闸”(装置)	
56	紧急涤气/吸收设施，清除有关组分释放到大气	
57	火炬燃烧/耗尽(焚烧炉)设施，清除有关组分释放到大气	
58	常规的能量排放/“卸载”系统	
59	连续(维持)调整装置(可以维持50%的调整量，例如燃烧器供气)	
60	机械动作型紧急停车/隔离设备	
61	SIL 1功能安全仪表	
62	SIL 2功能安全仪表	
63	SIL 3功能安全仪表	
64	惰性(化)系统	

附录6　常见独立保护层频率消减因子

附表6.1、附表6.2给出了某石油化工公司常见独立保护层(Independent Protection Layer, IPL)的频率消减因子(Frequency Reduction Factor, FRF)实例，仅供参考。

附表6.1　常见独立保护层(IPL)的频率消减因子(一)

独立保护层(IPL)	考虑作为独立保护层的进一步限制	频率消减因子
标准操作规程(SOP)	操作人员巡检频率必须满足检测潜在事故的需要。操作员需要通过独立的传感器或阀门来记录指定的值。记录中必须标示出不可接受的超出范围的值。操作规程中需要有对处理这些超出范围值的响应方法	1.0
报警及人员响应	BPCS传感器产生的报警包括操作人员的行动可以完全地减缓事故场景。BPCS传感器、操作人员以及最终执行元件都必须独立于初始事件。操作人员有超过15min的响应时间或通过报警目标分析(AOA)评价的更短的响应时间	1.0
基本过程控制系统(BPCS)	任何BPCS回路(控制、报警或就地)都不能受事故场景原因失效的影响	1.0
安全仪表系统(SIS)	独立于BPCS。达到SIL 1级	1.0
阻火器	必须设计用于减缓事故场景	1.0
真空破坏器	必须设计用于减缓事故场景	1.0
100%能力的安全阀/爆破片组合——堵塞工况且无吹扫	PSV设计泄放量须满足事故场景泄放量要求，必须泄放至安全区域	1.0
安全仪表系统(SIS)	独立于BPCS。达到SIL 2级	2.0
100%能力的安全阀——清洁工况/堵塞工况，有吹扫	PSV设计泄放量须满足事故场景泄放量要求，必须泄放至安全区域	2.0
冗余100%能力安全阀(独立工艺连接)——堵塞工况且无吹扫	各单个PSV设计泄放量须满足事故场景泄放量要求，必须泄放至安全区域	2.0
容器爆破片	必须泄放至安全区域或已考虑为安全泄放	2.0
安全仪表系统(SIS)	独立于BPCS，达到SIL 3级	3.0
其他独立保护层	分析小组应当全面考虑独立保护层的减缓效果	1.0~3.0

附表 6.2 常见独立保护层(IPL)的频率消减因子(二)

<table>
<tr><th colspan="2">独立保护层(IPL)</th><th>说明
(假设具有完善的设计基础、
充足的检测和维护程序、良好的培训)</th><th>频率消减因子</th></tr>
<tr><td colspan="2">本质更安全设计</td><td>如果正确执行，将大大地降低相关场景后果的频率</td><td>1.0~6.0</td></tr>
<tr><td colspan="2">BPCS</td><td>如果与初始事件无关，BPCS 可作为一种 IPL</td><td>1.0~2.0</td></tr>
<tr><td rowspan="3">关键报警和人员响应</td><td>人员行动，有 10min 的响应时间</td><td rowspan="3">行动应具有单一性和可操作性</td><td>0~1.0</td></tr>
<tr><td>人员对 BPCS 指示或报警的响应，有 40min 的响应时间</td><td>1.0</td></tr>
<tr><td>人员行动，有 40min 的响应时间</td><td>1.0~2.0</td></tr>
<tr><td rowspan="3">安全仪表功能</td><td>安全仪表功能 SIL 1</td><td rowspan="3">见 GB/T 21109</td><td>1.0~2.0</td></tr>
<tr><td>安全仪表功能 SIL 2</td><td>2.0~3.0</td></tr>
<tr><td>安全仪表功能 SIL 3</td><td>3.0~4.0</td></tr>
<tr><td rowspan="2">物理保护</td><td>安全阀</td><td rowspan="2">此类系统有效性对服役的条件比较敏感</td><td>1.0~5.0</td></tr>
<tr><td>爆破片</td><td>1.0~5.0</td></tr>
<tr><td rowspan="6">释放后保护措施</td><td>防火堤</td><td>降低由于储罐溢流、断裂、泄漏等造成严重后果的频率</td><td>2.0~3.0</td></tr>
<tr><td>地下排污系统</td><td>降低由于储罐溢流、断裂、泄漏等造成严重后果的频率</td><td>2.0~3.0</td></tr>
<tr><td>开式通风口</td><td>防止超压</td><td>2.0~3.0</td></tr>
<tr><td>耐火涂层</td><td>减少热输入率，为降压、消防等提供额外的响应时间</td><td>2.0~3.0</td></tr>
<tr><td>防爆墙/舱</td><td>限制冲击波，保护设备/建筑物等，降低爆炸重大后果的频率</td><td>2.0~3.0</td></tr>
<tr><td>阻火器或防爆器</td><td>如果安装和维护合适，这些设备能够防止通过管道系统或进入容器或储罐内的潜在回火</td><td>1.0~3.0</td></tr>
</table>

附录 7　化学反应的危险检查

1. 是否从机理上仔细考虑了化学反应的已知危险？

要领：所有化学反应都应考虑为有危险的，除非证明其无危险性。在已有的事故报告中聚合反应的事故率最高，其他依次是硝化反应、硫化反应和水解反应。即使在手册中未被列出，也不意味着该反应无危险性。

2. 如何识别该反应的潜在危险？

要领：对于具有内在热化学性质的危险装置和过程，考虑设计和操作是同等重要的，应当用系统化的方法识别危险(例如 HAZOP 分析方法)。定量的概率分析，例如 HAZAN、FTA 可以采用。

3. 该化学反应的危险是什么？

要领：化学反应的危险来自于内在的热分解、迅速地放热、迅速地汽化。如果没有适当的控制，可能在化学反应的任何时刻发生。

4. 采用了什么方法评估该化学反应的危险？

要领：主要方法为：采用文献数据和计算；基本筛选试验；不同的热量测试和 ICI 的 10g 试管试验；等温量热；正常反应条件的特性；绝热量热；反应失控条件下的特性；特殊试验；泄放装置的尺寸计算和数据获取等。

5. 由谁执行这种评估？

要领：主要的试验必须采用专用的仪器设备，由有经验的专用技术人员使用这些仪器进行试验，并且得出试验报告。

6. 该过程需要怎样的措施才能获得安全？

要领：一个过程要获得安全是靠提供本质安全的方法、防止的方法和保护的方法来实现的。虽然绝对的本质的安全是理想的选择，但在实践中却是罕有的，然而本质安全原理可以用来减少使用防止和保护的措施。

7. 该过程考虑了何种本质安全方法？

要领：本质安全方法包括：半间歇化的化学反应；或其相反的模式“全间歇化”；操作时对反应物进行计量或对反应速率进行某种控制；强化过程的处理效率，减少危险化学品的存量；限制进料容器的尺寸防止化学品的过量进料；使用溶剂或加热介质，其沸点和最高温度在混合反应热分解温度之下；抑制反应失控(也可考虑为保护措施)。

8. 考虑了哪些危险防止措施？

要领：采用防止措施需要在故障发生前识别过程危险。此时应说明相关的界限条件或一个范围，过程操作应当维持在这个范围之内才是安全的。而防止措施是能保证过程维持在这个范围之内。

过程的安全范围由数种参数所定义，这些参数是：

- 温度/压力：反应要求的最高/最低温度和压力应当定义。

- 加入量：正确的化学物料，以正确的时间和速率加入(反应器)是重要的。
- 搅拌：如果搅拌器失效，未反应的物料会积累或分离成不同的相(层)。
- 系统的涤气和气体排放：应当确定在正常和非正常反应中蒸发/汽化的速率，以使系统(容量)是充分的。
- 安全时间：任何反应质量的最大反应时间内的反应温度的升高限制在失控的范围，应当加以确定。
- 人员：操作工应当训练有素，应提供良好的指导(应包括非正常工况的处理方法)。
- 仪表控制：要求对关键参数有调整功能，一旦需要时应产生正确的控制作用。

9. 考虑了何种保护措施？

要领：在正常工况，保护措施很少是对它自身功能的应用，一些保护措施通常是对该措施的需求。常用保护措施包括紧急排放系统、急速冷却系统、泄放系统和反应抑制剂等。

10. 保护措施能正常工作吗？

要领：当设计保护措施时，有关反应动力学的知识是重要的，以便这些措施运行时能足够快捷、有效，并且使用时不会引入进一步的危险。例如，相关阀门的响应速度既包括引入反应抑制剂，也包括反应物卸载的速度能确保反应被终止，或反应物被卸光是在反应器中的反应失控之前。

一种爆炸的释放设施和任何下游的设备与管道应当设计得能够应对反应物释放的速度，使其能够疏散掉气体/蒸气、液体、固体或任何它们的混合物。

11. 在装置维护时，采取了哪些预防措施？

要领：有效和定期的预防性维护使装置能平稳运行，也是一个重要的防止误操作的途径(需要操作工操作的时间减少了)。然而。维护执行得不适当时，其本身也有危险，为了形成安全的维修队伍，应当建立一个正规的维修团队并投入运营。

12. 装置改造的规程是什么？

要领：装置的任何改造都要再评价(变更管理)，再评价是一个完全的过程热化学和危险评价。有时相对简化的试验或计算是必要的。对所有过程/装置的改变进行记录是重要的。

13. 优先的安全措施是什么？

要领：应用安全措施的原则是，防止措施优先于保护措施。然而，无论选择哪种安全措施，重要的是它们能使装置在全部操作条件范围内和可信的误操作下仍是安全的，并且在装置改造后仍保持有效。

附录8 HAZOP分析检查表

编者说明：本检查表供HAZOP分析时能够系统化评估分析可能涉及的风险因素。目的在于拓展HAZOP分析主席和团队成员的分析思路，尽可能全面地考虑与安全相关的问题。系统分析过程中的危险因素和风险也不局限于以下有关方面，需要具体问题具体分析。团队分析思路不应被这种检查表所约束，甚至于将HAZOP分析转变成检查表分析。因此还是应当结合工艺过程的实际，以危险剧情为线索，充分发挥团队成员的积极性和创新思维。

一、物料

1. 哪一种过程物料是不稳定的或有自燃性？

2. 有否做过冲击敏感性的评价？

3. 是否进行过可能发生的不可控反应和分解反应评估？过程中任何物料在分解时放热的总量和速率数据是否可以得到？

4. 对于可燃物料需要何种预防(警告)？

5. 是否存在可燃粉尘危险？

6. 是否可以保证设备结构材料和其中的化工物料是可以相容的？

7. 何种物料是高毒性的？

8. 需要何种维护与控制以保证置换适当的物料？例如，防止过度的腐蚀，防止产生危险的反应产物等。

9. 原料的组成发生了什么变化？在过程中是什么导致了变化？

10. 在保证对原料的识别和质量的有效控制方面做了哪些工作？

11. 当一种或多种物料进料故障时，是否会产生危险？

12. 是否能保证有足够的原料供应？

13. 由于排放、切断或惰性化导致的气体流失会发生危险吗？

14. 是否需要考虑关于所有物料存储稳定性的警告？

15. 何种消防系统适合与本过程的物料？

16. 提供了何种紧急灭火设备或程序？

二、反应

17. 如何隔离有潜在危险的反应？

18. 哪些过程变量可能或必然接近危险的条件限度？

19. 由于不太可能的流动或过程的条件或有污染物等前提下，是否会发生不期望的危险反应？

20. 在设备中是否会发生易燃的混合物？

21. 当过程操作接近或进入燃烧限时，是否有警报功能？

22. 对于所有反应物和中间体的过程安全界限(余量)是什么?
23. 对于正常工况和可能的非正常工况是否掌握了反应速率的数据?
24. 在正常工况和可能的非正常工况，就放热反应而言，必须移去多少热量?
25. 对已知的过程的化学机理了解有多深?
26. 哪些外界物料会污染本过程并产生危险?
27. 如果在工厂危急状态下，是否提供了应急处置的设备和条款?
28. 有何针对迫在眉睫的反应失控的措施和已经进入反应失控状态的立即抑制措施?
29. 对于所要求的和不想要求的反应，其化学反应机理有多深的知识和了解?
30. 哪些危险反应会引发机械设备故障?
31. 什么危险过程条件会引起渐变的或突发的设备堵塞?
32. 哪些原料或过程物料会由于恶劣的天气条件而产生不利的影响?
33. 在前一次过程安全评价后，过程是否被改变?

三、操作

34. 最近的一次操作规程的审查和修订是何时进行的?

35. 新的操作人员是如何进行初级和高级训练的，以保证适应新的工厂操作规程，特别是有关开车、停车、非正常工况和紧急状态的训练。

36. 在最近一次过程安全评价后，工厂进行了哪些修改?

37. 开车前需要哪些特殊的清理，如何对它们进行检查?

38. 哪些应急阀门和开关无法迅速开启?有无规程可以应付这些情况?

39. 当向储罐中注入或抽出液体时，需要什么安全警示?是否考虑了产生静电的可能性?

40. 日常的维修程序是否会引入过程危险?

41. 在正常或非正常操作时，向下水道排放物料有何种危险发生?

42. 对单元提供惰性气体的可靠性有多高?对被中断的独立单元提供惰性气体的容易程度如何?

43. 为了改进质量，增加产量，减少成本，在设计和施工中的修改是否减少了安全余量?

44. 操作手册的警告是否覆盖了开车、停车、非正常和紧急状态?

45. 无论是对于间歇或连续过程是否做过经济评价?

四、设备

46. 自从最近一次过程安全评价之后，在对过程的技术改造进行审查时，如何考虑设备的尺寸是否足够?

47. 是否增加了排放系统，可能会导致什么危险?

48. 对于液封而言有何程序以便保证有适当的液位?

49. 由于外部的潜在火灾会引起何种内部的过程危险?

50. 是否需要抑制爆炸的设备，以便压制万一发生的爆炸?

51. 何处需要设置阻火器和阻爆器？

52. 在禁火区如何防止有明火的设备火焰溢出？

53. 在罐区有何安全控制系统？

54. 对于用玻璃或易碎的材料制成的设备是否使用了耐用的材料加固？如果没有加固，这种脆性材料能否防止适度的破损？由于破损会引起什么危险？

55. 焊接设备或焊接管道两端材质是否一致？焊条材质是否相容合格？焊缝开裂会导致什么后果？

56. 在反应器上设置玻璃视孔是否真正需要？在有压和有毒反应器上所设的玻璃视孔有否耐高压的能力？

57. 哪些紧急状态阀门和开关不能迅速动作？

58. 有关的设备，特别是过程容器，最近一次压力等级测试是何时进行的？

59. 由于搅拌故障会引起什么危险？

60. 管线会出现何种堵塞，有什么危险？

61. 在设备维修时，为了安全，需要何种完全排放的规定？

62. 如何决定通风是适当的？

63. 具有何种专用设施耗散静电以防产生火花？

64. 是否需要某种混凝土防护墙或屏障以便隔离高敏感设备，保护邻近的部分免予操作崩溃？

五、管道和阀门

65. 管道系统是否进行了应力和热胀分析？

66. 管道系统是否设有适当的支架和导向设备？

67. 管道是否有防冻措施？特别对于冷水管、仪表连管和管线的端头设备，例如，备用泵的管线。

68. 开车前是否对所有的管线进行冲洗和吹扫？

69. 铸铁阀门是否避免安装在有应力的管线上？

70. 是否避免使用暗杆式阀门(闸板阀)？

71. 当截止和泄放双用阀门用于紧急状态的互连场合，如果可能导致交叉污染，是否不用？

72. 控制器(执行机构)和控制阀是否便于维修？

73. 旁路阀是否易于操作？其排列是否不会在打开阀门时导致不安全的条件？

74. 当供电和仪表风故障时，是否检验过所有控制阀的安全动作？

75. 是否不必停车，就可以试验和维护一次元件、报警和联锁仪表？

76. 提供了何种排放管路和蒸汽疏水系统？

六、泄压和破真空

77. 在压力容器上的排放阀、安全阀、泄压阀或爆破片有否消除火焰的设施？

78. 泄压阀和爆破片有否切除、检查或替换设施？有否规范和实施顺序要求？

79. 需要哪种紧急释放设备：通气口、泄压阀、爆破片、液封？它们的调整基础是什么？

80. 为了防止爆炸危险，在何处使用爆破片？如何确定它们相对于容器容量的尺寸，如何设计选型？

81. 是否为爆破片设置了与设备的连接和排放管线？是否考虑了管线具有适当的口径以保证动态缓解作用，防止管线泄放端的爆振？

82. 排放设施、安全阀、爆破片和排火炬系统的安装位置是否避免了对设备和人员的危害？

83. 何种设备、操作是带压力的或由于过程故障有可能从内部产生压力，是否没有考虑释放设施？为什么没有考虑？

84. 排放管线和释放阀门是否独立设置？排放管线应当越短越好，并且尽量减少弯头反复改变管线的方向？

85. 在排放管线聚集冷凝液的位置是否设有(低点)排液阀？

86. 在正行程泵的排出端；在正行程压缩机和截止阀之间；在反压透平出口和截止阀之间是否设有(高点)排放阀？

87. 爆破片是否串联有释放阀以防止阀门磨损或有毒物料泄漏？为爆破片设置的后置容器，以及爆破片与泄放阀之间的管线上应装有压力表和泄压管线。是否所有爆破片的排放端都设有释放阀？

88. 为了保证在一定的温度下至释放阀和真空断路器的管线不会由于固体物的积累而使安全设施正常运行，有什么规定？

七、机械

89. 是否提供了适当的管道支撑和柔性装置，以便保持由于管道热膨胀而导致的机械力在可接受的范围之内？

90. 机械系统的运行速度和极限速度是什么？

91. 是否对阀门充分的和快速的动作进行过检验，以防止倒流和离心泵、压缩机驱动器的反转？

92. 在提供冲击性维修时，对于齿轮变速机构有何适当的维修要领？

93. 对于软合金轴瓦轴承的润滑油系统是否设有完全的润滑油过滤器？

94. 在蒸汽透平的入口和出口管线上是否准备了排液和疏水设备？

95. 对于所有蒸汽透平的排液点，是否都设有流动可见的排放管线？

96. 驱动机械的能力可否经得起透平排放时的转速跳变性变化？

97. 当空气压缩机的出口压力大于 0.52MPa 时，是否采用了阻燃的合成润滑剂以防爆炸？

98. 关键的机械装置在正常运行和紧急停车时，是否备有(带压)紧急润滑系统？

99. 对于关键机械装置是否有备用装置或备用部件？

100. 在供电系统故障时有否运行和安全停车的措施？

101. 冷却塔风扇振动时是否有报警或联锁保护？

八、仪表控制

102. 当所有仪表的各种电源几乎同时失效时将会引发出什么危险?

103. 如果所有的仪表同时失效，所有的操作是否仍能安全保险?

104. 当仪表、过程安全仪表，包括过程控制系统由于维修而不能工作时，或当这类仪表处在一段校验周期时，或某些其他原因使该仪表无法读数时，对于过程安全有何措施?

105. 对于过程安全具有重大的直接或间接意义的仪表，在减小响应迟后方面做了哪些工作?是否每一个重要的仪表或控制设备都有一个独立的仪表或完全不同的控制操作方法作为备份?对于高危险过程是否在以上两种系统上再增加第三种最终的安全停车备份?

106. 在工厂的贯穿全部的设计中是否将安全功能仪表与过程控制功能结合起来考虑?

107. 极端的大气湿度和温度对仪表系统的影响是什么?

108. 哪些计量仪表或记录仪不易读数?在应对或解决这些问题中作了哪些改进?

109. 对于那些用安全玻璃制的液位直读式测量仪表或其他类似仪表，如果破碎是否会使物料流出?

110. 做过哪些工作以证明仪表保护外壳安装合格?接地了吗?周围环境是否设计合格?

111. 在仪表功能试验和检验方面建立了哪些规范?

112. 仪表功能检验和潜在故障标识的试验周期是怎样确定的?

九、失效、故障或事故

113. 当一种或两种以上进料停止，会发生什么危险?

114. 当一种或两种以上公用工程设施失效，会发生什么危险?

115. 什么是(该过程)最可信的事故?即最不利的、能够想到的、合理的故障集合，哪些可能发生?

116. 有哪些溢出(溅出、散落、涌流、倒出)的潜在可能?会导致什么危险?

十、布置和位置的选择

117. 所有设备是否有足够的空间和位置，以便于维修，并且在操作时对过程没有危险?

118. 对于可预见的溢出事件，对社会将造成什么危险?

119. 物料排放至邻近的下水道会有何危险?

120. 有何种喷洒、烟雾、噪声等情况发生会导致公共危害责任问题?如何控制和将其后果最小化?

参 考 文 献

1 IEC 61882, Hazard and Operability Studies (HAZOP Studies) Application Guide, 2001.

2 CCPS/AIChE, Guidelines for Hazard Evaluation Procedures, third edition, 2008.

3 T. Kletz, HAZOP & HAZAN, Identifying and Assessing Process Industry Hazards, fourth edition, 1999.

4 EPSC HAZOP: Guide to Best Practice. Guidelines to Best Practice for the Process and Chemical Industries, second edition, 2008.

5 CCPS/AIChE, Plant Guidelines for Technical Management of Chemical Process Safety, revised edition, 1995.

6 CCPS/AIChE, Guidelines for Preventing Human Error in Process Safety, 1994.

7 CCPS/AIChE, Guidelines for Chemical Process Quantitative Risk Analysis, second edition, 2000.

8 CCPS/AIChE, Guidelines for Writing Effective Operating and Maintenance Procedures, 1996.

9 CCPS/AIChE, Guidelines for Investigating Chemical Process Incidents, second edition, 2003.

10 CCPS/AIChE, Guidelines for Chemical Process Quantitative Risk Analysis, 2000.

11 CCPS/AIChE, Guidelines for Process Equipment Reliability Data, 1989.

12 OSHA, OSHA 3132 Process Safety Management, 2000.

13 Hawksley, J. L. , 1984 Some social, technical and economic aspects of the risks of large plants, CHEMRAWN III. Reproduced in Lees, F. P. , Loss Prevention in the Process Industries, second edition, Butterworth Heinemann, Oxford, UK, 1996.

14 API RP581: Risk Based Inspection Technology, second edition, American Petroleum Institute, 2008.

15 OGP risk assessment data directory, Report No. 434-5: Human factors in QRA, International Association of Oil and Gas Producers, March 2010.

16 OGP risk assessment data directory, Report No. 434-14. 1: Vulnerabilities of Humans, International Association of Oil and Gas Producers, March 2010.

17 Methods for the determination of possible damage to people and objects resulting from release of hazardous materials, CPR16E, first edition, The Netherlands Organization of Applied Scientific Research (TNO), 1992.

18 Pressure relieving and depressuring system, fifth edition, ANSI/API standard 521, January 2007.

19 Daniel A. Crowl, Joseph F. Louvar, Chemical process safety: fundamentals with applications, second edition, Prentice Hall Inc. , 2002.

20 Section 23: Process safety, Perry's chemical engineer's handbook, 8th edition, MacGraw-Hill Companies, 2008 .

21 Louis Anthony Cox, Jr. : What's wrong with risk matrices? Risk Analysis, Vol. 28, No. 2, 2008.

22 HAZOP Manual, ExxonMobil Chemicals and Refining, Revised January 2005.

23 Bridges W. G. and Williams T. R. , Create Effective Safety Procedures and Operating Manuals, Chemical Engineering Progress, 1997(12), p23-37.

24 U. S. DOE-Department of Energy, Root Cause Analysis Guidance, 1992.

25 Kiyoshi Kuraoka and Rafael Batres, An Ontological Approach to Represent HAZOP Information, Process Systems Engineering Laboratory, Tokyo Institute of Technology, Technical Report TR-2003-01, April 2003.

26 Rafael Batres, Takashi Suzuki, Yukiyasu, Shimada, Tetsuo Fuchino, A graphical approach for hazard identification, 18th European Symposium on Computer Aided Process Engineering-ESCAPE 18, 2008.

27 Jordi Dunjó, Vasilis Fthenakis, Juan A. Vílchez, Josep Arnaldos, Hazard and operability (HAZOP) analysis. A literature review, Journal of Hazardous Materials 173 (2010) 19 - 32.

28 Paul Baybutt , Remigio Agraz-Boeneker, A Comparison of The Hazard and Operability (HAZOP) Study with Major Hazard Analysis (MHA): A More Efficient and Effective Process Hazard Analysis (HAZOP) Method, 1st Latin American Process Safety Conference and Exposition, Center for Chemical Process Safety, Buenos Aires, May 27-29, 2008.

29 V. Venkatasubramanian, J. Zhao, and S. Viswanathan, Intelligent Systems for HAZOP Analysis of Complex Process Plants, Comp. & Chem. Eng., 24, 2002, pp2291 - 2302.

30 McCoy, S. A., Wakeman, S. J., Larkin, F. D., Jefferson, M., Chung, P. W., Rushton, A. G., Lees, F. P. and Heino, P. M. , HAZID, A Computer Aid for Hazard Identification , Transactions of the Institution of Chemical Engineers, 77, 1999, pp 317-327.

31 ISO 15926, Integration of lifecycle data for process plant including oil and gas production facilities: Part 2-Data model, 2003.

32 Rafael Batres, Matthew West, David Leal, David Price, Yuji Naka., An Upper Ontology based on ISO 15926, Computers &Chemical Engineering, Vol. 31, Issues 5-6, 2007, pp519-534.

33 中国石化集团上海工程有限公司. 化工工艺设计手册(第四版). 北京：化学工业出版社，2009.

34 中国石化青岛安全工程研究院. HAZOP 分析指南. 北京：中国石化出版社，2008.

35 赵劲松，赵利华，崔琳，陈明亮，邱彤，陈丙珍. 基于案例推理的 HAZOP 分析自动化框架. 化工学报，59(1)：111-117，2008.

36 吴重光，许欣，张贝克，纳永良，张卫华. 基于知识本体的过程安全分析信息标准化. 化工学报，63(5)：1484-1491，2012.

37 白永忠，党文义，于安峰译. 保护层分析——简化的过程风险评估. 北京：中国石化出版社，2010.

38 粟镇宇. 工艺安全管理与事故预防. 北京：中国石化出版社，2009.